AF501712

GÉOLOGIE DES ALPES

ET DU

TUNNEL DES ALPES

PARIS. — IMPRIMERIE WALDER, RUE BONAPARTE, 44.

ACTUALITÉS SCIENTIFIQUES
PUBLIÉES PAR M. L'ABBÉ MOIGNO

XX.

GÉOLOGIE DES ALPES

ET DU

TUNNEL DES ALPES

PAR

M. ÉLIE DE BEAUMONT

NOUVELLES OBSERVATIONS GÉOLOGIQUES SUR LES ROCHES ANTHRACIFÈRES DES ALPES

PAR M. SISMONDA

TRADUIT DE L'ITALIEN PAR M. L'ABBÉ MOIGNO

PARIS
AU BUREAU DU JOURNAL *LES MONDES*
32, RUE DU DRAGON
ET CHEZ M. GAUTHIER-VILLARS, IMPRIMEUR-LIBRAIRE
55, quai des Grands-Augustins

1871

PRÉLIMINAIRES

—

A moins de trois ans de distance, se sont terminées deux entreprises grandioses, l'éternel honneur de notre époque : le percement de l'isthme de Suez et celui de la chaîne des Alpes; opérations ayant pour but l'une et l'autre, comme les chemins de fer, la télégraphie électrique et tant d'autres merveilleuses inventions de notre siècle, de rapprocher les peuples, et de les mettre constamment en rapport. Puissent tous ces progrès avoir pour résultat définitif d'établir sur la terre entière cette union cordiale, cette vraie fraternité qui devrait régner entre toutes les branches, entre tous les membres de la famille humaine !

Le percement des Alpes a en outre une grande importance au point de vue scientifique. Une des sciences les plus intéressantes et encore les moins avancées, la géologie, a surtout besoin de sondages qui lui permettent de lire dans l'intérieur du globe. Or, quel sondage peut être comparé à celui qui vient d'être opéré dans la masse des Alpes? C'est surtout au point de vue de la géologie que nous nous proposons d'étudier cette grande opération ; mais cette étude spéciale doit naturellement avoir pour préliminaire un aperçu rapide de tous les autres points de vue intéressants que présente ce sujet.

La chaîne des Alpes, centre oragraphique de l'Europe, forme une immense courbe, une sorte d'ellipse divisée dans le sens de son grand axe, dont une extrémité toucherait à l'Adriatique, vers le sud de l'Istrie, et l'autre à la France vers la source du Var. De ce côté, les Alpes suivent quelque temps l'autre moitié de l'ellipse, jusqu'à ce que, arrivant à la côte de la Méditerranée, non loin de Nice, elles se soudent à une chaîne de second ordre, l'Apennin.

De ce point jusqu'au Mont-Blanc, les Alpes servent de frontière à la France et, sauf à cette extrémité que nous avons signalée dans le voisinage de la Méditerranée, elles vont du sud au nord ; ce sont là les Alpes occidentales, vers le milieu desquelles le tunnel s'ouvre, formant comme une porte qu'on aurait pratiquée à travers un immense rempart.

Ce rempart, pour continuer la comparaison, a ses angles saillants et ses angles rentrants. Les points où il s'avance le plus sur la région française sont :

vers le sud, la source du Var, vers le nord, le Mont-Blanc et vers le milieu, le Mont-Thabor, point le plus occidental de la chaîne et sommet d'un angle très-aigu qu'elle projette vers l'ouest. Celui des côtés de cet angle qui va vers le nord-est présente, assez près de son autre extrémité, le massif du Mont-Cenis; c'est entre ce massif et le Thabor que le tunnel a été pratiqué, mais bien plus près du Mont-Thabor, dont il longe presque la base, que du Mont-Cenis, dont il est séparé par plus de 20 kilomètres.

Pourquoi donc l'appelle-t-on tunnel du Mont-Cenis? Cette habitude, regrettable comme tout ce qui est inexact, mais qu'il serait peut-être bien difficile de changer, tient à plusieurs causes : d'abord à ce que le Mont-Cenis est de beaucoup la partie de cette section des Alpes que les populations connaissent le mieux, surtout par suite de la magnifique route que Napoléon y fit construire en 1804, et qui est depuis lors le plus fréquenté de tous les passages des Alpes.

Les habitants de ces contrées, entendant parler de la voie que l'on ouvrait, se figurèrent sans doute qu'il s'agissait toujours de la route du Mont Cenis et que, pour la rendre plus commode, on allait la faire passer sous les montagnes.

Une autre question que quelques personnes pourraient faire est celle-ci : Pourquoi l'exécution d'un tunnel essentiellement international a-t-elle été confiée exclusivement aux Italiens? — Parce que, à l'époque où il fut entrepris, le tunnel était entièrement compris dans les Etats de Victor Emmanuel, et se trouvait séparé de la Frrance par toute la largeur de la Savoie.

Lorsque la Savoie fut annexée à la France, on pensa qu'une modification dans la direction et dans le personnel de l'entreprise pourrait occasionner des retards. La France s'associa à l'œuvre en prenant à sa charge, sur les dépenses, 19 millions qui pourtant ne devaient être payés qu'autant que les ravaux seraient achevés dans un délai de vingt-inq ans, à partir du 1er janvier 1862; par contre, une prime de 500 fr. était promise pour chaque année gagnée sur ces vingt-cinq ans de délai ; et cette prime devait être augmentée de 100 000 fr. pour chaque année gagnée en deça de quinze ans. Le travail ayant été terminé en treize ans, l'apport financier de la France se cotera en définitive par une somme d'environ 28 millions. La dépense totale n'est pas évaluée à moins de 75 millions.

Un des points les plus intéressants à étudier dans ce grand ouvrage, c'est l'ensemble des procédés employés pour perforer les roches.

En 1855, un Anglais, M. Bartlett, construisit une machine perforatrice qui fut essayée avec un plein succès à Gênes et à Chambéry. Au premier aspect, on croyait avoir devant soi une simple locomotive ; mais au piston de la machine à vapeur s'ajoutait un second piston plein d'air dont la tige était armée d'une barre à mine. L'air faisait matelas et empêchait les chocs trop brusques de se transmettre au piston moteur. La barre à mine frappait jusqu'à 300 coups à la minute.

Le problème de la perforation mécanique était résolu ; mais on ne pouvait raisonnablement songer à utiliser une machine à vapeur dans un trou d'une profondeur de plusieurs kilomètres. Le peu d'air respirable que l'on aurait pu envoyer aux ouvriers aurait été bien promptement vicié.

Ici intervint l'idée féconde de l'emploi de l'air comprimé comme force motrice, en remplacement de la vapeur. Rien n'était plus à propos que d'employer, au lieu d'éléments irrespirables, de l'air pur qui, après avoir servi à transmettre la force, ventilerait la galerie.

L'honneur de cette importante application de l'air comprimé appartient aux trois ingénieurs Sommeiller, Grandis et Grattoni, qui conçurent ensemble cette idée pendant une mission dont ils furent chargés en Belgique et en Angleterre. Le ministre Cavour a bien aussi sa part de gloire dans cette précieuse innovation, pour en avoir sur le champ compris la valeur et l'avoir favorisée de tout son pouvoir.

« Si cette invention réussit, disait-il au parlement dans la séance du 29 juin 1854, elle peut produire des résultats fort considérables : avec une chute d'eau, vous pouvez comprimer l'air en quantité indéterminée, et créer une force vive, transportable à volonté; avec une chute d'eau, vous avez ce qu'on a avec du charbon... Nous avons, ajoutait-il, autour de nous, en chutes d'eau, plus de force motrice que l'Angleterre dans toutes ses mines de houille. »

Le comte de Cavour avait deviné l'avenir. Ce fut deux ans après, le 17 juin 1856, que, sur une communication officielle du ministre Paléocapa à la Chambre, la question fut traitée à fond. M. Sommeiller, représentant du collége électoral de Saint-Joire, en Faucigny, monta pour la première fois à la tribune et, dans un discours fort remarquable, démontra la possibilité de l'entreprise.

Il décrivit les compresseurs, ces immenses machines dont le rôle devait être d'emprisonner l'air, de le comprimer à cinq atmosphères et de l'envoyer par des conduites dans le souterrain jusqu'au front d'attaque. Il proposa de combiner son système avec la machine perforatrice de M. Bartlett, en la modifiant un peu. La conviction se fit dans les esprits et, le 20 juin, la Chambre votait à l'unanimité un ordre du jour par lequel le gouvernement était invité à procéder sans délai aux expériences préliminaires, et à présenter un projet de loi pour l'exécution de la percée.

Enfin, après des essais, dont les résultats furent concluants, la chambre vota la loi et, le 31 août 1857, Victor Emmanuel, en mettant le feu à la première mine, inaugurait solennellement les travaux.

Ce mot de mine pourra étonner quelques lecteurs:

car le retentissement mérité qu'a eu la perforatrice Bartlett et Sommeiller a fait supposer à beaucoup de personnes que l'on avait broyé la roche mécaniquement sans employer la poudre. Il n'en est rien ; la poudre a été mise en usage comme dans tous les travaux de ce genre. La seule différence, qui, il est vrai, constitue à elle seule une révolution dans l'art du mineur, c'est que les trous pour déposer les cartouches, au lieu d'être faits à la main comme jusqu'ici, ont été forés à la mécanique.

En minant à la main, on ne pouvait guère avancer que de 17 mètres par mois ; la perforation a permis de rendre cet avancement incomparablement plus rapide. Il est possible d'aligner dix fleurets contre le front de taille dans l'espace réduit où deux ouvriers se gêneraient mutuellement, et la barre à mine frappe le rocher vingt fois plus vite que ne le ferait l'homme le plus expérimenté. L'invention de la perforatrice a donc mis à la disposition des ingénieurs un mineur mécanique infatigable, d'une étonnante dextérité et d'une puissance incomparable.

Ainsi la série des opérations effectuées en galerie comprenait le forage des trous, la charge, l'explosion et l'enlèvement des débris. En six heures, le front de la roche était criblé de 90 à 100 trous de 80 centimètres de profondeur et de 4 centimètres de diamètre ; mais on n'en chargeait qu'une partie, les autres n'étant destinés qu'à affaiblir le rocher par le vide et à faciliter sa désagrégation.

On employa uniquement la poudre de guerre, qui donne moins de fumée que la poudre de mine. De la poudre de guerre, se dégagent par kilogramme, 49 centigrammes d'acide carbonique, 10 d'azote et 4 de sulfate de potassium ; or, on jugea que, pour diluer ces gaz, il fallait bien 250 mètres d'air pur. Aussi, à la tempête de feu, faisait-on succéder un ouragan d'air. On ouvrait le robinet de la conduite qui amenait l'air, depuis les compresseurs installés sur chaque versant jusqu'au fond du souterrain, et immédiatement il se produisait une tourmente qui diluait et chassait les gaz nuisibles. A côté de la conduite qui aérait, se trouvait le tuyau qui apportait la force motrice aux outils perforateurs.

On s'est souvent demandé comment cette percée gigantesque avait pu être faite aussi rectiligne. Il a fallu établir à travers la montagne un réseau géodésique de 28 triangles et, comme le réseau montait par degrés jusqu'à la plus haute cime, à 3 100 mètres au-dessus du niveau de la mer, il est facile de se figurer les difficultés de toute sorte qu'eurent à vaincre les ingénieurs dans ces régions visitées par les avalanches. Il est certains angles du réseau qu'il a fallu mesurer jusqu'à soixante fois.

Pour contrôler la direction rectiligne du tracé, on avait établi un petit observatoire en face de chaque bouche du tunnel ; un observateur muni d'un théodolite visait tour à tour les différents sommets du réseau trigonométrique, et une lumière placée au fond du tunnel. Si l'œil, après avoir visé les points de repère, tombait sur la lumière, c'est que l'axe de la galerie était bien compris dans le plan vertical adopté.

Lorsque, le 28 décembre, les deux galeries se rejoignirent, on ne constata qu'un désaccord de trente centimètres environ entre les axes des deux tronçons. Nous n'avons pas besoin d'insister sur l'honneur que fait aux ingénieurs du tunnel un si merveilleux résultat.

Quant à l'altitude des deux orifices, elle diffère de 132 mètres, et le plus élevé, c'est le côté italien. On a racheté cette différence par une rampe qui monte avec une pente de 22 millimètres par mètre jusque vers le milieu de la galerie. Au delà, la voie descend par une pente insensible de 5 millimètres par mètre, qui suffit pour l'écoulement des eaux vers Bardonnèche.

Ls tunnel, quand on y pénètre, présente le même aspect que tous les tunnels. Il a deux voies. Sa section est une courbe dont la largeur maximum se trouve à 1 mètre 26 centimètres au-dessus des rails. Elle atteint là 8 mètres, et elle a seulement 7 mètres 87 centimètres au niveau du ballast, y compris deux trottoirs latéraux de 70 centimètres chacun. La hauteur au-dessus de ce niveau pour atteindre la clef de voûte est de 6 mètres.

Toute la voie est muraillée; le revêtement en blocs de granit cimentés a une épaisseur de 0 m. 55 c. à

1 mètre, suivant la poussée du terrain. On a ménagé sous la voie, au centre du souterrain, un aqueduc de 1 mètre de haut et de 1 m. 20 c. de large, pour laisser écouler les eaux d'infiltration et de condensation et pour, au besoin, s'assurer un chemin de sauvetage si, par impossible, il se produisait un effondrement partiel de la voûte.

La rencontre des deux galeries s'est faite en plein schiste calcaire à 5 153 mètres 30 centimètres de Modane et à 7 080 mètres 25 centimètres de Bardonnèche.

Dès le mois de novembre, le 9 au matin, le chef du chantier du versant nord percevait l'explosion des mines de la section de Bardonnèche. Au commencement de décembre, les coups répétés des perforatrices s'entendaient déjà à travers l'épaisseur de la roche. Puis on distingua vaguement le bruit des voix des chefs de chantiers ; les ingénieurs ne quittaient plus la galerie ; on était là jour et nuit, on avait la fièvre, personne ne voulait manquer le moment tant attendu. Le jour de Noël, on ne devait plus être bien loin, l'attaque de la roche sur une section faisait tomber des parcelles de roche sur le front opposé. Et en effet, dès le soir, vers quatre heures et demie, une sonde de quatre mètres passa de part en part.

L'impression qui se produisit alors est indescriptible. Des vivats enthousiastes transmirent la bonne nouvelle de proche en proche jusqu'à Modane et à

Bardonnèche. L'ingénieur Grattoni se hâta d'envoyer à Turin la dépêche suivante :

« Quatre heures vingt-cinq minutes. La sonde passe à travers le dernier diaphragme de 4 mètres, juste au milieu. Nous nous parlons d'un côté à l'autre, le premier cri poussé des deux parts a été : Vive l'Italie ! Vive la France ! »

Hélas ! cette pauvre France, dans quelle état elle se trouvait en ce moment-là !

Le lendemain, 26, en présence de la direction technique, partait le dernier coup de mine et s'écroulait le dernier obstacle. Les deux tronçons étaient réunis, les Alpes étaient ouvertes. Quel jour de fête que ce lendemain de Noël ! Mais ce ne fut qu'au commencement de janvier qu'à Paris, nous entendîmes comme un écho lointain des applaudissements de l'Europe.

A pied, il faut trois heures pour parcourir le souterrain. Les trains font la traversée en 25 minutes en descendant d'Italie en France ; il leur en faut 43 environ pour remonter de France en Italie. Vers le milieu, on rencontre une excavation assez large, dont on a fait un bureau télégraphique. De là, on n'aperçoit ni l'extrémité nord, ni l'extrémité sud du souterrain. L'atmosphère, chargée des fumées des lampes, n'est pas assez transparente pour que la lumière du jour puisse la traverser.

Les deux extrémités du souterrain aboutissent à deux plateaux qui surplombent la vallée, et qui ont rendu nécessaire un travail de raccordement. Pour cela on a construit à chaque extrémité une courbe, reliant le chemin de fer au tunnel, et n'arrivant à celui-ci qu'obliquement, au moyen d'une excavation qu'il a fallu pratiquer dans chaque tronçon à quelques centaines de mètres de l'orifice. Observons que l'orifice italien est à Bardonnèche même, tandis que l'orifice français est dans un petit endroit appelé les Fourneaux ; Modane se trouve à environ 3 kilomètres plus loin.

La préoccupation des hommes de science depuis le commencement des travaux, s'était principalement portée sur la question de l'aération. Pourrait-on respirer sous cette voûte d'une longueur sans précédent? Les avis étaient fort partagés ; enfin quelques savants, loin de craindre que l'air ne manquât du mouvement nécessaire à son renouvellement, redoutaient un courant qui par sa rapidité constituerait comme une tempête permanente.

Aujourd'hui l'expérience a constaté que l'air s'écoule avec des vitesses quelquefois très-appréciables, quelquefois presque nulles, mais ce dernier cas s'offre rarement. L'inclinaison de la galerie, qui va s'élevant du côté français au côté italien, donne lieu à un tirage analogue à celui qui s'opère dans les cheminées ordinaires, où un tirage s'établit régulièrement de bas en haut, en partie à cause des différences de pression. Par suite des différences d'altitude, la pression à l'extrémité française l'emporte de

13 millimètres de mercure en moyenne sur celle de l'extrémité italienne. Mais la direction d'un courant dans un tube dépend beaucoup des différences de température. En conséquence, s'il arrive que la température sur le versant italien devienne notablement plus basse que sur le versant français, le courant peut être renversé.

Quant à la température du tunnel lui-même, elle est à peu près invariable. Aux deux extrémités, on a de 12° à 14° et, vers le milieu elle atteint 24° ; il s'établit donc un appel dans les couches inférieures des deux tronçons vers ce point, et un courant de retour dans les couches supérieurs. Ces différents courants se contrarient souvent les uns les autres et nuisent tant à l'aération du tunnel qu'à la sortie de la vapeur. On peut dire néanmoins que généralement il existe dans tout l'ensemble du tunnel un courant dominant, qui fait que la totalité de l'air se renouvelle en deux heures.

S'il arrive que la fumée et la vapeur s'engouffrent, le voyageur, pour n'en être pas incommodé, n'a qu'à fermer la portière de son wagon, qui contient une quantité d'air largement suffisante pour la durée du parcours.

Suivant le sens du tirage, on voit à Modane ou à Bardonnèche, s'échapper la fumée et la vapeur que la locomotive a laissées sur sa route, en formant un nuage derrière lequel les bois de pins disparaissent comme si la montagne était en feu. Mais, au bout d'une heure et demie à peu près, la fumée a disparu; le tunnel s'est vidé.

En définitive, le tunnel est assez aéré pour que les voyageurs n'aient rien à craindre. Si le trafic devenait très-important, il faudrait peut-être, dans l'intérêt des inspecteurs et des cantonniers, installer quelques portes d'appel, comme on l'a fait ailleurs avec plein succès. Quant à l'emploi de machines soufflantes, on peut regarder comme certain, qu'il ne sera jamais nécessaire.

Ainsi les questions qui préoccupaient à juste raison les hommes de science relativement à la grande entreprise du tunnel des Alpes, peuvent être regardées comme résolues, et par suite la question générale du percement des grandes montagnes.

Pour terminer par la pensée que nous avons exprimée en commençant, le percement de l'histme de Suez et l'établissement du tunnel des Alpes, ouvrent à la civilisation des voies toutes nouvelles. Ce sont deux grandes victoires dont notre époque a le droit de s'enorgueillir et que le monde devra à deux nations sœurs, la France et l'Italie.

Le merveilleux succès de l'entreprise du tunnel me cause une joie d'autant plus vive, que mes inquiétudes à cet égard ont été plus grandes. Aussi M. le général Ménabréa s'empressa-t-il de m'écrire dès que les communications postales eurent été rétablies : « Notre tunnel est enfin ouvert. Le 26 décembre dernier, a éclaté la dernière mine qui a mis en communication les deux portions du tunnel alpin, Nord et Sud. Elles se sont trouvées sur la même ligne et au même niveau, ce qui fait grand honneur aux ingénieurs qui ont conduit ce grandiose et gigantesque ouvrage. Votre incrédulité, qui avait cédé depuis longtemps, devra venir un jour sur les lieux bien s'assurer qu'elle n'avait pas raison d'être. Comme il y aura une inauguration officielle de la galerie dans le courant de l'été, l'on compte sur vous pour y assister et porter un toast au triomphe de la science et de la foi. »

C'est la première fois peut-être de ma vie que j'ai péché par excès de défiance, moi qui, au contraire, suis hélas ! trop confiant et souvent même bien téméraire. Ce que je n'ai pas besoin de dire, c'est le bonheur que j'ai éprouvé quand j'ai vu que je m'étais trompé. Un autre sentiment bien vif chez moi, c'est mon admiration pour les habiles ingénieurs qui ont dirigé d'une manière si supérieure des opérations aussi délicates et qui sont arrivés à un des résultats les plus remarquables que puissent enregistrer les annales de la Science.

F. Moigno.

GÉOLOGIE DES ALPES

DU

TUNNEL DES ALPES

Court historique du tunnel des Alpes. — « L'idée d'ouvrir une communication par chemin de fer, au moyen d'un percement des Alpes, remonte déjà à trente ans. Elle appartient à M. Medail, de Bardonnèche, qui l'a exposée dans un opuscule publié à Lyon, en 1841.

« Il l'avait soumise d'abord au roi Charles-Albert, qui, toujours occupé d'améliorer la condition du Piémont, avait ordonné à son ministre de l'intérieur, alors M. Desembrois, de faire faire les études nécessaires pour savoir si l'exécution rentrait dans le cercle des choses possibles. Cette grave question fut confiée à l'examen de M. Maus, ingénieur belge, qui arrivait en ce moment à Turin pour prendre la direction des travaux du chemin de fer de Gênes, et à M. Sismonda, professeur de géologie à l'Université de Turin. Cela eut lieu à la fin de juillet 1845, dans un moment où M. Sismonda se trouvait à Nice, occupé aux études de la carte géologique du Piémont, qu'il a publiée depuis. Ce fut là qu'il reçut la lettre du ministre, M. Desembrois, l'invitant, au nom du roi, à se joindre à M. Maus pour aller, dans les Alpes, examiner s'il était possible de creuser une galerie remplissant toutes les conditions nécessaires pour joindre la Savoie au Piémont par un chemin de fer. M. Maus et M. Sismonda parcoururent, à plusieurs reprises, dans toutes les directions possibles, toute la partie de la chaîne des Alpes comprise entre le mont Cenis et le mont Genèvre, et conclurent que la ligne qui, à leurs yeux, présentait le plus d'avantages pour un pareil ouvrage était celle déjà indiquée par M. Medail, ligne pour laquelle, après de nouvelles recherches, se décidèrent aussi les ingénieurs distingués MM. Grattoni, Grandis, Sommeiller et Ranco, dont les trois premiers furent chargés de faire exécuter ce travail gigantesque (1).

» Les événements de 1848 et 1849, terminés par le désastre de Novare et suivis de l'abdication du roi Charles-Albert, suspendirent l'entreprise; mais le roi Victor-Emmanuel ne tarda pas à la reprendre, et, sous son gouvernement énergique, elle a été poursuivie sans interruption, avec toute l'activité que comportait une

---

(1) *Mémoires de l'Académie royale des sciences de Turin*, 3e série, t. XXIV, p. 351.

prudence prévoyante, qui a su éviter de faire jamais aucun pas rétrograde, et grâce à laquelle les deux galeries ouvertes de part et d'autre de la côte traversière se sont rencontrées au-dessous d'elle, avec un écart de 40 centimètres seulement.

» Avant de décider l'exécution du tunnel de Modane à Bardonnèche, on s'était préoccupé à Turin des obstacles que pourrait rencontrer son percement, par suite de la nature des roches à traverser, des fissures et des vides qu'elles pourraient renfermer et des eaux qui pourraient s'y trouver accumulées. La question fut portée devant l'Académie des sciences de Turin, où s'établit, le 24 février 1850, une discussion à laquelle prirent part le général H. Provana de Collegno, M. le professeur Ange Sismonda et l'illustre Plana, qui, lors de la mesure du parallèle moyen, avait visité les montagnes de la Maurienne et avait séjourné sur plusieurs de leurs cimes les plus élevées. Le *Compte rendu* de la séance contient (1) des extraits d'une lettre que mon excellent ami le général H. de Collegno m'avait écrite sur ce sujet, dans les premiers jours de l'année 1850, et de la réponse que je lui avais adressée.

» Dans la lettre de M. de Collegno on lit les phrases suivantes : « Il doit être possible et même probable que « le grand *tunnel* de 12 kilomètres rencontre, soit des « masses de chaux sulfatée, soit des fentes-cheminées, « ayant servi de passage aux gaz qui ont modifié les

(1) *Mémoires de l'Académie royale des sciences de Turin*, 2e série, t. XII, p. 70 (séance du 24 février 1850).

« calcaires préexistants. Dans le premier cas, la chaux « sulfatée sera-t-elle hydratée ou anhydre? Si elle est « hydratée, ne peut-elle pas avoir été dissoute en tout « ou en partie par des eaux souterraines et avoir donné « lieu à des réservoirs d'eau intérieurs? Les fentes qui « ont servi de passage aux gaz ne peuvent-elles pas, de « leur côté, avoir été envahies par les eaux résultant de « la fusion partielle des neiges et des glaces qui couvrent « les cimes du massif alpin ?... »

» Je disais moi-même dans ma réponse, à M. de « Collegno : « Vous me parlez d'abord de la possibilité « de rencontrer des masses de gypse existantes ou dis- « soutes dans la percée de Modane à Bardonnèche, et « peut-être des amas d'eau; je crois très-fort à cette « possibilité, de même qu'à celle de rencontrer des ser- « pentines, des euphotides, des masses de quartzites « très-durs, et peut-être un noyau central de gneiss « feldspathique, très-dur aussi, analogue à celui du mont « Cenis. Si l'on rencontre des masses gypseuses, il me « parait assez probable qu'elles seront, en grande par- « tie, à l'état anhydre et peut-être salifères. Dans ce « cas, les travaux seraient, sous ce rapport, dans des « conditions analogues à ceux des mines de Bex et à « ceux des mines de sel du Tyrol et de la Bavière, où il « ne se présente jamais rien de très-effrayant... »

» L'exécution du *tunnel* permet de juger maintenant ce qu'avaient de fondé les suppositions précédentes, dans lesquelles on avait dû chercher à prévoir tous cas possibles, même les plus défavorables.

» On n'a pas rencontré le gneiss fondamental sur lequel le calcaire schisteux doit reposer plus ou moins directement, parce que ce calcaire s'est trouvé tellement épais que, même à sa sortie, du côté de Bardonnèche, le tunnel n'en atteint pas encore les parties inférieures. Là où l'on aurait pu craindre de trouver le gneiss fondamental, on n'a rencontré que du calcaire schisteux, qui, de toutes les roches alpines, est la plus facile à percer.

» On n'a trouvé ni l'euphotide, ni la serpentine, qu'on pouvait craindre de rencontrer au milieu des calcaires schisteux, puisque, en face du fort de Bramant ou de l'Esseillon, à 7 kilomètres à l'est-nord-est de la ligne du *tunnel*, elles se sont élevées jusqu'au jour, à travers les mêmes calcaires schisteux. Mais, si l'on n'a rencontré ni euphotide, ni serpentine, on a constaté leur influence en recueillant des substances talqueuses dans toutes les parties du tunnel et surtout dans celles où il traverse les quartzites et les anhydrites. On n'a trouvé de chaux sulfatée qu'à l'état anhydre, et cet anhydrite s'est trouvé salifère et comparable à celui de Bex, ainsi qu'on l'avait prévu. Enfin, ainsi qu'on l'avait également prévu, on a rencontré des quartzites très-durs, que le travail de perforation a mis près de deux ans à franchir. Mais, parmi toutes les appréhensions dont on avait dû se préoccuper, celle qui s'est le plus heureusement dissipée a été la crainte de rencontrer des eaux souterraines. Rarement, en effet, un percement de galerie a été moins contrarié par l'infiltration des eaux. »

Catalogue et nature des roches rencontrées. — *Notes de* M. ÉLIE DE BEAUMONT. Juillet 1870 et septembre 1871. — «L'Europe entière a été attentive à l'ouverture du passage souterrain qui doit réunir la France à l'Italie, en traversant la crête des Alpes occidentales. Tout le monde a suivi avec intérêt les progrès de cette utile entreprise, qui doit arriver à son terme en 1871. La galerie qu'on appelle le plus souvent le *Tunnel du mont Cenis* ne traverse pas, à proprement parler, le mont Cenis, mais elle se dirige de Modane vers Bardonnèche, en passant, à 24 kilomètres au sud-ouest du col du mont Cenis, sous la côte traversière située entre le col de la Pelouze et le col de la Roue.

» M. Ange Sismonda, professeur de minéralogie et de géologie à l'Université de Turin, dont l'Académie connaît depuis longtemps les beaux travaux sur la constitution géologique des Alpes du Piémont et de la Savoie, s'est trouvé plus à portée qu'aucun autre géologue de visiter les travaux qui se poursuivent depuis plus de treize ans pour l'exécution du tunnel des Alpes occidentales. Il a pu le faire sans aucun obslacle, car le gouvernement italien, qui, aux termes des traités, fait creuser le tunnel, accorde constamment à M. Sismonda les facilités nécessaires pour vérifier l'exactitude du rapport fait par M. Maus et par lui à l'époque où a été conçue pour la première fois l'idée de percer les Alpes, dans le but de mettre l'Italie en communication avec la France par le chemin de Fer Victor-Emmanuel. C'est avec un caractère officiel qu'il parcourt annuellement les chantiers.

» Dans un dernier voyage, exécuté pendant le cours de l'été dernier, M. Sismonda a recueilli, à plusieurs exemplaires, avec le concours de MM. les ingénieurs Copello et Borella, directeurs des travaux, toutes les roches qui ont été rencontrées dans le percement, et il a bien voulu me faire l'honneur de m'envoyer, au mois de décembre dernier, une de ces précieuses collections, qu'il a eu la bonté de compléter dernièrement, en m'apportant lui-même plusieurs échantillons supplémentaires. Je profite de la présence de M. Sismonda parmi nous pour mettre cette collection sous les yeux de l'Académie, afin que les géologues qui se trouvent à Paris puissent recueillir de la bouche même du savant professeur de Turin les intéressants détails que, plus que personne, il est à même d'ajouter au catalogue des échantillons rassemblés par lui.

» Les échantillons sont au nombre de cent vingt-sept, mais il reste une lacune correspondante aux parties du tunnel qui ont été percées depuis le mois de septembre dernier et à celles qui restent encore à percer. Evaluant à sept le nombre des échantillons qui combleront plus tard cette lacune, j'ai numéroté toute la collection en une seule série, depuis le n° 1, qui se rapporte à la partie du tunnel voisine de Modane, jusqu'au n° 134, qui appartient à la partie voisine de Bardonnèche.

» J'ai dressé ensuite, de la collection totale, un catalogue où les échatillons se suivent dans l'ordre de leurs numéros, qui est celui de leurs distances ; mais, avant de parler de ces distances, qui sont indiquées pour chaque échantillon, il est nécessaire d'entrer dans quelques détails sur la longueur et la position du tunnel

» L'ouverture septentrionale du tunnel est située près de Modane, dans la vallée de l'Arc, affluents d l'Isère et du Rhône, à 1202^{m},82 au-dessus de la mer. L'entrée méridionale est située près de Bardonnèche, dans la vallée de Rochemolle, affluente de la Doire ripaire et du Pô, à l'altitude de 1335^{m},38. La distance horizontale entre les verticales des deux entrées du tunnel est de 12220 mètres.

» L'entrée méridionale étant, d'après les données précédentes, plus élevée de 132^{m},56 que l'entrée septentrionale, on voit que le tunnel a dans son ensemble une pente d'environ 11 millimètres par mètre, correspondant à peu près à un demi-degré (37′ 17″). Mais cette pente moyenne n'appartient rigoureusement à aucune partie du souterrain, qui forme un léger coude dans le sens vertical. Près de l'entrée méridionale, il présente un point culminant élevé de 3 mètres au-dessus de cette entrée ; à partir de ce point, il descend régulièrement, d'une part vers Bardonnèche et de l'autre vers Modane, de manière à ce que les eaux qui pourraient s'y introduire près de l'une ou de l'autre entrée, tendent naturellement à s'écouler par la même entrée.

» Pour l'objet que nous nous proposons, nous pouvons faire abstraction de ces pentes légères, et considérer le tunnel comme représenté par une ligne droite horizontale tirée de l'une à l'autre des verticales de ses deux extrémités.

» Le plan vertical dans lequel se trouve compris le tunnel est dirigé, par rapport au méridien astronomique, du nord 14 degrés ouest, au sud 14 degrés est ; c'est aussi la direction de la ligne droite horizontale à laquelle nous le réduisons par la pensée.

» Cette direction n'est pas perpendiculaire aux plans des couches du terrain, qui, d'après les observations obligeamment communiquées à M. Sismonda par M. l'ingénieur Mella, sont dirigées en moyenne, et d'une manière à peu près constante, du nord 35 degrés est, au sud 35° ouest, et plongent du côté nord-ouest, en formant avec l'horizon un angle de 50 degrés.

» Le tunnel les coupe donc obliquement, et par conséquent suivant une longueur supérieure à leur épaisseur réelle.

» Pour l'exploration d'un groupe de couches fortement inclinées, un tunnel est comparable à un sondage : un sondage vertical couperait de même ces couches obliquement. Dans le cas qui nous occupe, le tunnel a sur le sondage un double avantage : d'abord, il a beaucoup plus de développement que ne pourrait en avoir un sondage ; car il a 12 220 mètres de longueur, tandis qu'on n'a guère fait de sondages ayant 1 000 mètres de profondeur, c'est-à-dire 1/12 de la longueur du tunnel. En outre, le tunnel a entamé les roches sur une largeur assez grande pour qu'on puisse y pénétrer, les observer en place et choisir les échantillons destinés à les représenter, ce qu'on ne peut faire dans un sondage.

» L'obliquité de la perforation n'entraine aucun inconvénient sérieux. Le tunnel des Alpes occidentales apprend à la géologie tout ce que pourrait lui apprendre son sondage dirigé perpendiculairement aux plans des couches; mais un sondage ou un puits de plus 7 000 m. de profondeur, dirigé suivant une ligne oblique à l'horizon serait, quant à présent, inexécutable ; et, si la géologie pouvait disposer des millions nécessaires pour opérer, dans son seul intérêt, un pareil percement, on ne saurait faire autrement que de le diriger horizontalement. L'ouverture du tunnel a relevé la science de sa pauvreté comparative, et elle a lieu de se féliciter de ce que ce grand monument de l'industrie est devenu, en même temps, un véritable monument scientifique.

» Remarquons toutefois qu'il ne l'est devenu que par l'énergique persévérance de M. Sismonda et de MM. les ingénieurs Copello et Borella, qui ont pris soin de noter toutes les couches traversées, et d'en recueillir les échantillons, avant que le muraillement du tunnel les ait dérobées pour toujours à nos regards. Cette séquestration forcée donne un prix tout spécial à la collection que M. Sismonda m'a permis de présenter, en son nom, à l'Académie, et m'a engagé à en dresser un catalogue plus détaillé que ne l'avait fait mon savant ami. J'espère qu'elle portera l'Académie à accueillir ce catalogue avec bienveillance dans son *Compte rendu*, comme le procès-verbal d'observations qui ne pourront être reitérées.

» Il est essentiel de remarquer que, le tunnel coupant les couches obliquement, les distances auxquelles il les rencontre successivement ne donnent pas la mesure exacte de leurs épaisseurs respectives, comme le ferait un sondage vertical dans des couches horizontales. Il donne des épaisseurs exagérées, comme le fait le sondage vertical traversant des couches inclinées.

» Les épaisseurs des couches indiquées par le tunnel sont donc sujettes à une réduction, mais cette réduction est facile à opérer. Le tunnel étant dirigé vers le nord 14 degrés ouest, et les couches vers le nord 35 degrés est, la direction du tunnel coupe celle des couches sous un angle de 49 degrés. On a aussi à tenir compte de l'inclinaison des couches, qui plongent, comme il a été dit, du côté du nord-ouest, en faisant avec l'horizon un angle de 50 degrés. D'après ces données, on trouve aisément, par une formule connue, que l'épaisseur des couches mesurée obliquement sur la direction du tunnel est à leur épaisseur réelle, mesurée perpendiculairement à leur surface, dans la proportion de 100 à 58 environ (1). Il faut ajouter que le parallélisme des

---

(1) α étant l'angle formé par la direction des couches et celle du tunnel, i étant l'inclinaison des couches par rapport à l'horizon, e l'épaisseur d'un couches mesurée par la ligne du tunnel et E l'épaisseur normale de cette même couche, on a

$$E = e . \sin \alpha \sin i.$$

Dans le cas actuel $\alpha = 49°$, $i = 50°$; si l'on fait $e = 1$, on a

$$\log E = \log \sin 49° \log \sin 50° ;$$

d'où l'on tire

couches, dans la longueur du tunnel, n'étant qu'approximatif, et quelques-unes d'entre elles présentant des inflexions assez marquées, on ne peut viser à une très-grande rigueur dans la réduction dont il s'agit; d'où il résulte qu'au nombre 58 on pourrait substituer, pour simplifier, le nombre 60 et réduire les épaisseurs indiquées par le tunnel dans la proportion de 100 à 60 ou de 10 à 6, c'est-à-dire en retranchant simplement les 4/10 pour avoir les épaisseurs normales.

» Le percement du tunnel a été commencé séparément à ses deux extrémités sous la forme de deux galeries marchant à la rencontre l'une de l'autre, pour se réunir dans l'intérieur de la montagne intermédiaire. Les deux galeries ne se sont pas encore rencontrées. Le 30 juin dernier, la galerie partant de Modane avait atteint une longueur de 4723m,55, et celle partant de Bardonnèche la longueur de 6603m,65. La somme des longueurs des deux percements exécutés était donc de 11327m,20, et la longueur totale du tunnel devant être de 12 220 mètres, on voit que les deux fronts de taille marchant à la rencontre l'un de l'autre, n'étaient plus éloignés que de 892m,80.

---

log E = —1 + 0,7620339, E=0,57014, soit environ 58 centièmes. Appliquant la même formule à l'épaiseur totale des couches traversées par le tunnel, dont la longueur est de 12 220 mètres, on a

$$\log E = 3,8491762, \quad E = 7066,04.$$

Cette epaisseur est inférieure à la longueur totale du tunnel de 5 154 mètres, quantité un peu supérieure aux 4/10 de cette longueur, qui seraient de 4888 mètres.

» De part et d'autre, on cheminait depuis assez longtemps dans des calcaires schisteux fort analogues entre eux, et comme ces calcaires schisteux sont d'une composition très-uniforme, il est probable que, dans le percement des 892^{m},80 encore intacts, on ne rencontrera pas autre chose que ces mêmes calcaires schisteux.

» Le 28 décembre 1870 a éclaté la dernière mine qui a mis en communication les deux portions du tunnel alpin (Nord et Sud) ; alors elles se sont trouvées sur la même ligne, exactement dans la direction de l'aiguille aimantée.

« M. Sismonda a joint à chacun des échantillons qu'il a eu la bonté de me donner, la distance du point où il a été pris à l'entrée de la galerie d'où il provient, distance déterminée avec le concours de l'ingénieur, directeur du travail, M. Copello, pour la galerie partant de Modane, et M. Borella, pour la galerie partant de Bardonnèche. J'ai conservé soigneusement dans le catalogue ces précieuses indications; mais, pour les échantillons provenant de la galerie de Bardonnèche, j'y ai joint celle de la distance à l'entrée septentrionale du tunnel, près de Modane, distance qui s'obtient par une simple soustraction, en partant de la longueur connue du tunnel entier, qui est de 12 220 mètres. Cela permet de comparer les couches entre elles, comme étant les membres d'une même série, ainsi qu'elles le sont en effet, et de les comprendre toutes dans un catalogue unique et continu.

Catalogue des roches traversées par le tunnel des Alpes occidentales.

N. 1, à 282 mètres de Modane. — Schiste argileux ou grès à grain très-fin, un peu micacé, de couleur ardoisée.

N. 2, à 283 mètres de M. — Schiste argileux à texture fibreuse, de couleur ardoisée.

N. 3, à 365 mètres de M. — Quartz hyalin blanc, avec un peu de chlorite, enveines dans le schiste argileux.

N. 4, à 370 mètres de M. — Schiste argileux ou grès à grain fin, un peu micacé, de couleur ardoisée.

N. 5, à 375 mètres de M. — Schiste argilo-calcaire à surfaces luisantes, de couleur noire. Il est légèrement effervescent dans l'acide chlorhydrique.

N. 6, à 385 mètres de M. — Schiste argileux d'une structure fibreuse trèsprononcée, à surfaces luisantes, de couleur noire.

N. 7, à 429 mètres de M. — Quartz hyalin blanc, accompagné de spath calcaire, de dolomie lamellaire, de talc, de chlorite et de pyrite, en veines dans les schistes.

N. 8, à 658 mètres de M. — Schiste argilo-quartzeux noir, à surfaces d'écrasement luisantes, contenant des veinules d'anthracite, semblable à celui qui forme habituellement le toit et le mur des couches d'anthracite.

N. 9, à 790 mètres de M. — Schiste gris, légèrement calcarifère, à surfaces micacées brillantes, contenant des nodules irréguliers de quartz hyalin.

N. 10, à 1102 mètres de M. — Grès schisteux gris, à surfaces micacées brillantes.

N. 11, à 1136 mètres de M. — Grès schisteux légèrement calcarifère, gris, à surfaces micacées brillantes.

N. 12, à 1228 mètres de M. — Schiste argileux ou grès, à grain très-fin, un peu micacé, de couleur ardoisée, à surfaces luisantes d'un aspect fibreux, analogue aux nos 1, 2 et 4.

N. 13, à 1231 mètres de M. — Grès schisteux légèrement calcarifère, gris, à surfaces micacées brillantes.

N. 14, à 1313 mètres de M. — Conglomérat quartzo-talqueux, à noyaux de quartz hyalin fondus et ramifiés dans la masse, d'apparence métamorphique.

N. 15, à 1372 mètres de M. — Grès quartzeux gris, à gros grains, calcarifère, à surfaces micacées brillantes.

N. 16, à 1373 mètres de M. — Conglomérat quartzeux, à noyaux de quartz hyalin fondus et ramifiés dans la masse, à surfaces micacées brillantes, analogue à la fois aux nos 14 et 15.

N. 17, à 1388 mètres de M. — Schiste argileux ou grès à grain fin micacé, de couleur ardoisée, sujet à contenir les empreintes végétales qui accompagnent ordinairement l'anthracite.

N. 18, à 1425 mètres de M. — Anthracite, d'une variété très-habituelle dans la contrée.

N. 19, à 1586 mètres de M. — Grès quartzeux à grains fins, à feuillets minces, à surfaces micacées brillantes, d'un gris clair.

N. 20, à 1707 mètres de M. — Grès quartzeux gris, à surfaces micacées brillantes.

N. 21, à 1865 mètres de M. — Quartz hyalin accompagné de dolomie lamellaire présentant la forme du rhomboèdre primitif, de talc, de mica, de chlorite et de pyrites, en veines dans les grès.

N. 22, à 2027 mètres de M. — Schiste micacé verdâtre, probablement métamorphique.

N. 23, à 2036 mètres de M. — Schiste gris calcarifère, à surfaces micacées brillantes, traversé par de petits filons remplis de cristaux de carbonate de chaux, offrant la forme du rhomboèdre équiaxe et du prisme hexagonal.

N. 24, à 2090 mètres de M. — Schiste talqueux verdâtre, onctueux au toucher.

N. 25, à 2150m,65 de M. — Quartzite blanc grenu, à éclat gras dans la cassure, contenant une veine de quartz hyalin blanc avec veinules talqueuses et quelques pyrites, accompagné d'anhydrite; situé à la base du système anthracifère.

N. 26, à 2152m,90 de M.—Quartzite à grain fin, d'un gris bleuâtre, à éclat gras dans la cassure, à surfaces de séparation ondulées, luisantes, couvertes de petites paillettes d'apparence talqueuse, avec veines d'anhydrite blanc cristallisé.

N. 27, à 2154 mètres de M. — Quartzite à grain fin d'un gri bleuâtre pâle, à éclat gras dans la cassure, à surfac de séparation ondulées, couvertes de petites paillettes d'apparence talqueuse, avec veines d'anhydrite.

N. 28, à 2156 mètres de M. — Quartzite grenu blanchâtre, à éclat gras dans la cassure, avec pyrites et veines d'anhydrite cristallisé.

N. 29, à 2171 mètres de M. — Quartzite grenu, à éclat gras dans la cassure, présentant des nuances verdâtres et violacées irrégulièrement entremêlées, et des surfaces de séparation courbes couvertes de petites paillettes d'apparence talqueuse.

N. 30, à 2181 mètres de M. — Quartzite grenu, à éclat gras dans la cassure, présentant des nuances légères de couleur verdâtre ou violacée, des surfaces de séparation courbes recouvertes de petites paillettes d'apparence talqueuse, traversé par un petit filon d'anhydrite blanc cristallisé et renfermant de nombreux cristaux d'anhydrite pénétrant la masse.

N. 31, à 2188 mètres de M. — Anhydrite blanc saccharoïde à gros grains, intercalé dans le quartzite et contenant des nodules irréguliers d'une substance blanchâtre d'apparence stéatiteuse (lithomarge?), ainsi que du talc.

N. 32, à 2189 mètres de M. — Anhydrite blanc saccharoïde à gros grains, semblable au précédent et intercalé de même dans le quartzite. Il est traversé par des feuillets interrompus de talc verdâtre, onctueux au toucher, analogue au n° 24.

N. 33, à 2211 mètres de M. — Quartzite blanc grenu, à éclat gras dans la cassure, divisé en feuillets courbes couverts de paillettes verdâtres, d'apparence talqueuse et enveloppant un rognon irrégulier d'anhydrite lamellaire à gros grains d'une teinte rosée, donnant sur la langue une légère saveur salée.

N. 34, à 2330 mètres de M. — Quartzite blanc grenu, à éclat gras dans la cassure, présentant des traces de schistosité et des nuances verdâtres, renfermant quelques cristaux d'anhydrite qui paraissent avoir pénétré dans les fissures.

N. 35, à 2425 mètres de M. — Quartzite blanc grenu, à éclat gras dans la cassure, à surfaces de séparation couvertes de paillettes d'apparence talqueuse, et associé à du talc verdâtre, onctueux au toucher, analogue aux n°s 24 et 32.

N. 36, à 2435 mètres de M. — Schiste talqueux, verdâtre, onctueux au toucher, analogue aux n°s 24, 32 et 35, intercalé dans le quartzite.

N. 37, à 2442 mètres de M. — Quartzite blanc, à éclat gras dans la cassure, à feuillets couverts d'un enduit talqueux verdâtre et associé à un anhydrite lamellaire à très-large clivage, transparent, blanc et nuancé de teintes violacées. (Très-bel échantillon.)

N. 38, à 2444 mètres de M. — Quartzite blanc grenu à éclat gras dans la cassure, présentant sur les surfaces de séparation quelques traces de matière talqueuse.

N. 39, à 2472 mètres de M. — Quartzite grenu à éclat gras dans la cassure, de nuances vertes et violacées, ayant une surface couverte d'un reste de l'anhydrite auquel il était adhérent, et semée de nombreux cristaux de pyrites de fer, qui se montrent aussi dans l'intérieur du fragment.

N. 40, à 2473 mètres de M. — Quartzite grenu, à éclat gras

un peu terne dans la cassure, nuancé de vert et de violet, renfermant quelques pyrites.

N. 41, de 2476 à 2480 mètres de M. — Talc schisteux d'un vert clair, onctueux au toucher, avec veines irrégulières d'anhydrite blanc saccharoïde.

N. 42, à 2482 mètres de M. — Anhydrite blanc saccharoïde contenant de petits noyaux irréguliers de talc d'un gris verdâtre en paillettes agglomérées.

N. 43, de 2481 à 2487 mètres de M. — Anhydrite grenu d'un blanc bleuâtre, non effervescent, contenant des cristaux d'anhydrite blanc lamelleux et des groupes de fragments de calcaire compacte, noirâtre, un peu bitumineux, effervescent et soluble dans l'acide chlorhydrique, qui semblent résulter de la dislocation de fragments plus gros.

N. 44, à 2489 mètres de M. — Anhydrite grenu, d'un gris bleuâtre, contenant des nodules irréguliers de talc, d'un blanc verdâtre en lamelles agglomérées, du quartz bleuâtre cristallisé, des nodules ramifiés de dolomie lamellaire blanchâtre et des rognons de sel gemme cris tallisé, d'un jaune de miel, qui paraît avoir rempli des cavités géodiques, où il s'est moulé sur les cristaux des autres substances.

N. 45, à 2503 mètres de M. — Anhydrite grenu d'un gris bleuâtre clair, à cassure esquilleuse, ne donnant pas sur la langue de saveur salée.

N. 46, à 2505 mètres de M. — Anhydrite grenu grisâtre, à cassure esquilleuse, sans saveur.

N. 47, de 2491 à 2524 mètres de M. — Anhydrite d'un gris bleuâtre clair, à cassure esquilleuse, non effervescent, sans saveur.

N. 48, à 2613 mètres de M. — Anhydrite grenu, blanc, sans saveur, non effervescent, présentant des traces de soufre, renfermant de petits fragments de calcaire compacte, noirâtre, un peu bitumineux, soluble dans l'acide chlorhydrique, comme au nº 43.

N. 49, de 2525 à 2665 mètres de M. — Anhydrite grenu d'un

gris verdâtre, donnant sur la langue une saveur salée, contenant des fragments de calcaire noir et de petites cavités irrégulières qu'on peut supposer provenir de la dissolution de petits nodules ramifiés de sel gemme.

N. 50, à 2697 mètres de M. — Calcaire compacte brun, à cassure esquilleuse, analogue aux fragments des n°s 43 et 48, renfermant des petits filons et des veines irrégulières d'anhydrite blanc grenu.

N. 51, à 2698 mètres de M. — Calcaire gris schistoïde grenu, très-effervescent, avec veines et petits filons de spath calcaire blanc, et lamelles noirâtres. La masse et les veines se dissolvent très-rapidement dans l'acide chlorhydrique, et il ne reste dans l'acide que des paillettes de mica et de talc, des particules d'anhydrite et des grains de quartz hyalin.

N. 52, à 2708 mètres de M. — Anhydrite blanc, grenu, sans saveur appréciable, renfermé dans le calcaire et contenant des fragments de calcaire compacte, noirâtre, analogues à ceux des n°s 43 et 48.

N. 53, à 2717 mètres de M. — Calcaire gris, cristallin, non schisteux, très-facilement soluble dans l'acide chlorhydrique.

N. 54, à 2719 mètres de M. — Calcaire d'un blanc grisâtre, cristallin, zoné.

N. 55, à 2736 mètres de M. — Schiste talqueux, verdâtre, avec nuances violacées.

N. 56, à 2744 mètres de M. — Quartz grenu schistoïde, à feuillets couverts de talc jaunâtre.

N. 57, à 2799 mètres de M. — Calcaire cristallin, grisâtre, un peu zoné, mais non schisteux, contenant des paillettes de mica et quelques pyrites, très-facilement soluble dans l'acide chlorhydrique.

N. 58, à 2833 mètres de M. — Calcaire schisteux, à veines alternatives de calcaire blanc cristallin, et de schiste noir, contourné, brillant.

N. 59, à 2836 mètres de M. — Calcaire schisteux, très-effervescent, à feuillets noirs et luisants, traversé par des veines blanches de quartz hyalin et de calcaire spathique.

N. 60, à 2869 mètres de M. — Anhydrite grisâtre, grenu.

N. 61, à 3334 mètres de M. — Calcaire schisteux blanc, cristallin, à feuillets schisteux noirs, luisants, présentant des surfaces de glissement; très effervescent, mais ne se désagrége pas complétement dans l'acide chlorhydrique.

N. 62, entre 3334 et 4192 mètres de M. — Schiste gris très-quartzeux, calcarifère, contenant des veinules d'anhydrite, intercalé dans les schistes.

N. 63, entre 3334 et 4192 mètres de M. — Schiste talqueux verdâtre, très quartzeux, calcarifère, contenant des veinules d'anhydrite et quelques pyrites.

N. 64, entre 3340 et 4192 mètres de M. — Schiste calcarifère, d'un noir verdâtre, à feuillets brillants, un peu satinés.

N. 65, entre 3340 et 4192 mètres de M. — Id, contenant des veines blanches de quartz et de spath calcaire.

N. 66, entre 3340 et 4192 mètres de M. — Schiste calcarifère, d'un noir verdâtre, à feuillets ondulés, brillants, un peu satinés.

N. 67, à 4192 mètres de M. — Schiste calcarifère, d'un gris noirâtre, à feuillets ondulés brillants, un peu satinés.

N. 67 *bis*, entre 4 230 et 4 260 mètres de M. — Calcaire schisteux, cristallin, blanc, feuillets noirs, luisants, présentant quelques paillettes d'apparence talqueuse ou micacée. Dans l'acide chlorhydrique, effervescence très-vive, mais de courte durée; fragments conservant leurs formes à peu près comme les n°s 59 et 15, auxquels le n° 67bis ressemble beaucoup.

N. 67$_{ter}$, entre 4 260 et 4 290 mètres de M. — Calcaire schisteux, cristallin, grisâtre, avec feuillets noirs, brillants, présentant quelques paillettes d'apparence talqueuse, traversé par de petits filons de calcaire spathique blanc et de quartz.

N. 67^{IV}, entre 4 290 et 4 320 mètres de M. — Calcaire schisteux, cristallin, blanc, avec feuillets grisâtres, luisants, présentant quelques paillettes d'apparence talqueuse.

N. 67^{V}, entre 4 320 et 4 350 mètres de M. — Calcaire cristallin, grisâtre, divisé en feuillets très-minces par le schiste argileux, noir, brillant, avec paillettes d'apparence talqueuse, présentant une surface de glissement brillante, d'apparence anthraciteuse, et un petit filon de quartz hyalin blanc, accompagné de talc verdâtre qui en forme la salbande.

N° 67_{VI}, entre 4 350 et 4 380 mètres de M. — Calcaire cristallin, gris, avec une veine de quartz et de calcaire spathique blanc, intercalé dans le schiste argileux, noir, luisant, satiné, un peu talqueux. (Echantillon double.)

N. 67^{VII}, entre 4 380 et 4 410 mètres de M. — Calcaire schisteux, cristallin, grisâtre, avec feuillets de schiste grisâtre, luisant, satiné, un peu talqueux.

N. ^{VIII}, entre 4 410 et 4 440 mètres de M. — Calcaire cristallin gris, renfermé dans le schiste argileux noir, brillant, dont quelques échantillons sont traversés par de grosses veines de calcaire spathique blanc, mêlé de quartz. Dans l'acide chlorhydrique, effervescence très-vive d'abord. Les fragments conservent en partie leurs formes le résidu des parties dissoutes est gris, très-abondant, et contient beaucoup de grains de quartz hyalin blanc et de paillettes de schiste gris.

N. 68, entre 4 440 et 4 470 mètres de M. — Calcaire cristallin, gris, à feuillets schisteux, gris, luisants, satinés, présentant beaucoup de paillettes d'apparence talqueuse; très-effervescent.

·N. 68bis, entre 4 470 et 4 500 mètres de M. — Schiste calcarifère, à feuillets noirs très-multipliés, ondulés, luisants, satinés, un peu talqueux.

N. 68ter, entre 4 500 et 4 530 mètres de M. — Calcaire schisteux, cristallin, à feuillets noirs un peu talqueux, luisants, satinés et un peu contournés.

N. 68^{IV}, à 4 539 mètres de M. — Quartz hyalin, avec talc verdâtre, chlorite et schiste noir, luisant, formant une veine ou un filon dans le calcaire schisteux, présentant une surface de glissement analogue d'aspect à celles que présente souvent l'anthracite.

N. 68^{V}, entre 4 560 et 4 590 mètres de M. — Calcaire schisteux, cristallin, d'un gris foncé, avec schiste argileux, à feuillets noirs, luisants, d'apparence anthraciteuse.

N. 68^{VI}, entre 4 590 et 4 620 mètres de M. — Schiste calcarifère à feuillets grisâtres, contournés, luisants, d'apparence graphiteuse, avec paillettes talqueuses, traversé par des veines de calcaire spathique blanc, mélangé de quartz.

N. 68^{VII}, entre 4 620 et 4 650 mètres de M. — Calcaire schisteux, cristallin, gris, à feuillets luisants, un peu talqueux, à reflets grisâtres, contenant des veines légèrement contournées de quartz mêlé de calcaire spathique.

N. 69, entre 4 650 et 4 686 mètres de M.— Schiste calcarifère à feuilets d'un gris foncé, légèrement contournés, d'apparence graphiteuse, traversé par une veine de quartz.

N. 69bis, entre 4 716 et 4 746 mètres de M. — Schiste d'une couleur ardoisée brun noirâtre, luisant, doux au toucher, d'un éclat gras, non effervescent ; la masse ne raye pas le verre. Très-analogue d'aspect au nº 2, dont il ne diffère essentiellement, d'après l'analyse de M. Moissenet, que par la présence du quartz libre qui s'y trouve très-finement disséminé, dans la proportion de 30 pour 100 environ. (*Voir* l'analyse de M. Moissenet ci-après, p. 24.)

N. 69ter, à 4 762 mètres de M. —Calcaire schisteux, à feuillets noirs, luisants, doux au toucher, légèrement contournés, présentant des groupes de paillettes d'apparence talqueuse. Dans l'acide chlorhydrique, effervescence très-vive ; les fragments conservent leurs formes, mais deviennent friables. Le résidu des parties dissoutes est très-abondant et formé de grains de quartz hyalin réunis par veines, et de paillettes de schiste noir d'apparence charbonneuse.

N. 69^{IV}, à 4 762 mètres de M. — Quartz hyalin, avec spath calcaire blanc et un peu de talc en veines dans le calcaire schisteux précédent.

N. 69^{V}, entre 4 746 et 4 776 mètres de M. — Calcaire schisteux, cristallin, d'un gris foncé, avec veines de calcaire blanc et feuillets de schiste noir, luisant, à reflets gras, assez ternes, présentant des paillettes de talc nacré répandues sur les surfaces des feuillets.

N. 69^{VI}, entre 4 776 et 4 806 mètres de M. — Schiste noir, luisant, à reflets gras, à feuillets plissés à petits plis, d'apparence un peu graphiteuse.

N. 69^{VII}, entre 4 806 et 4836 mètres de M. — Schiste noir, luisant, avec veines irrégulières de quartz hyalin et de calcaire spathique, en feuillets contournés et luisants, présentant quelquefois sur leurs surfaces des paillettes blanches, d'apparence talqueuse, rappelant celles qui couvrent les empreintes végétales de Petit-Cœur.

N. 70, entre 4 836 et 4 876 mètres de M. — Calcaire schisteux, cristallin, en veines alternant avec calcaire blanc et schiste nor, luisant, légèrement contourné. Dans l'acide chlorhydrique, effervescence très-vive d'abord et promptement terminée. Fragments non complétement désagrégés réduits à un schiste noir, luisant, satiné rappelan le n° 2. Le résidu des parties dissoutes est sableux, formé de grains de quartz hyalin mélangés de particules de schiste noir; il raye facilement le verre.

N. 70 bis, entre 4 876 et 4 906 mètres de M.— Calcaire schisteux, cristallin d'un gris foncé, avec feuillets de schiste noir, luisant, présentan des paillettes de talc nacré.

N. 70ter, entre 4 906 et 4 936 mètres de M. — Quartz hyalin et calcaire spathique formant des veines dans le schiste argileux noir luisant. Talcverdâtre en paillettes brillantes, répandu tant dans le quartz que sur les feuillets de la roche.

N. 70IV, entre 4 936 et 4976 mètres de M. — Calcaire cristallin, gris, à feuillets schisteux, noirs, luisants, satinés, contournés, avec quelques paillettes de talc nacré, et des filets minces de calcaire spathique blanc.

N. 70V, entre 4 976 et 5 006 mètres de M. — Schiste calcarifère gris, luisant, satiné, avec paillettes de talc nacré, traversé par des veines de calcaire spathique blanc et de quartz hyalin.

N. 70VI, entre 5 006 et 5 026 mètres de M. — Schiste calcarifère gris, luisant, d'un éclat graphiteux et presque argentin, avec pailletes d'apparence talqueuse et veines de calcaire spathique et de quartz.

N. 70VII, entre 5 026 et 5 046 mètres de M. — Calcaire schisteux, cristallin, noirâtre, à feuillets de schiste noir, luisant, contenant une grosse veine de quartz hyalin et de calcaire spathique blanc.

N. 70VIII, entre 5 046 et 5 066 mètres de M. — Calcaire schisteux, cristallin, gris foncé, avec schiste noir, luisant, présentant des paillettes de mica, et traversé par des veines de quartz et de calcaire spathique blanc.

N. 71, entre 5 066 et 5 086 mètres de M.—Calcaire schisteux, cristallin, noirâtre, renfermant des feuillets de schiste noir, luisant, satiné, avec paillettes de talc nacré et traversé par des veines de calcaire spathique blanc.

N. 71bis, entre 5 086 et 5 106 mètres de M. — Schiste calcarifère noir, luisant, à feuillets plissés, avec quelques paillettes de talc nacré, rappelant le n° 2 et le n° 69bis.

N. 71ter, entre 5 106 et 5 126 mètres de M.— Calcaire cristallin, gris foncé, à feuillets de schiste noir, luisant, un peu contournés, avec paillettes d'apparence talqueuse, contenant de petites veines irrégulières de spath calcaire blanc et de quartz hyalin. Dans l'acide chlorhydrique, effervescence très-vive d'abord, mais de très courte durée : les fragments ne sont pas complétement désagrégés. Le résidu des parties dissoutes est gris noirâtre, composé de paillettes de schiste noir, de grains de quartz hyalin blanc et de petits fragments provenant de veines quartzeuses blanches.

N. 71^{IV}, entre 5 126 et 5 146 mètres de M. — Schiste noir, luisant, satiné, doux au toucher, avec calcaire cristallin, en veinules et en petits filons très-minces, présentant de nombreuses paillettes de talc verdâtre, groupés en veines irrégulières.

N. 71^V, entre 5 126 et 5 146 mètres de M. — Calcaire schisteux, cristallingris foncé, à feuillets de schiste noir, luisant satiné, doux au toucher, avec de petites veines de calcaire cristallin blanc, et de nombreuses paillettes de talc verdâtre, groupés en veines irrégulières.

N. 71^{VI}, à 5 139^{m},75 de M. [*distance à laquelle les deux portions du tunnel (sud et nord) se sont rencontrées*]. — Schiste calcarifère noir, luisant, satiné, doux au toucher, présentant de nombreuses paillettesde talc nacré, ainsi que des veines et des petits filons de spath calcaire blanc. Dans l'acide chlorhydrique, effervescence vive d'abord, mais en quelques points seulement. Les fragments ne sont pas désagrégés ; ressemble au n. 15.

N. 71^{VII}, entre 5 146 et 5 153^{m} 30 de M. — Calcaire cristallin gris foncé, à feuillets de schiste noir, luisant, doux au toucher, présentant de petites paillettes de talc verdâtre, traversé de veines composées de quartz et de calcaire spathique blanc.

N. 71 VIII, entre 5 146 et 5 153m,30 de M. — Très-analogue au précédent.

N. 71 IX, entre 5 165 et 5 195 mètres de M. — Calcaire cristallin gris, schisteux, à feuillets schisteux noirs, luisants, un peu contournés, avec veines de calcaire spathique blanc et de quartz.

N. 71 X. entre 5 195 et 5 225 mètres de M. — Calcaire schisteux, cristallin, gris, à feuillets schisteux noirs, luisants, d'une composition très-analogue, d'après l'analyse de M. Moissenet, à celle du schiste n° 2 ; contient environ 13 pour 100 de quartz libre plus ou moins disséminé. (*Voir* l'analyse de M. Moissenet ci-après, p. 24.)

N. 72, entre 5 225 et 5 255 mètres de M. — Calcaire spathique et quartz hyalin formant des veines dans le calcaire gris, cristallin, à feuillets schisteux noirs, luisants, présentant des paillettes et veinules de talc verdâtre et jaune, des pyrites et des surfaces de glissement d'un aspect anthraciteux.

N. 72 bis, entre 5 255 et 5 285 mètres de M. — Calcaire cristallin gris, à feuillets schisteux noirs, luisants, d'un aspect anthraciteux, contenant des veines de calcaire spathique blanc et de quartz hyalin. Dans l'acide chlorhydrique, effervescence très-vive d'abord, mais de très-courte durée. Les fragments ne sont pas désagrégés. Ils ressemblent à ceux que laissent les nos 59 et 61. Résidu formé de grains de quartz hyalin et de petites paillettes de schiste noir.

N. 72 ter, entre 5 285 et 5 315 mètres de M. — Calcaire schisteux, cristallin, noirâtre, à feuillets schisteux noirs d'un aspect graphiteux, luisants, satinés, doux au toucher, présentant des paillettes et veinules de talc verdâtre.

N. 72 IV, entre 5 315 et 5 345 mètres de M. — Calcaire schisteux, cristallin, gris, à feuillets schisteux noirs, luisants, présentant des paillettes et veinules de talc verdâtre, traverse par des veines interrompues de calcaire spathique et quartz. Dans l'acide chlorhydrique, effervescence très-vive d'abord, mais de courte durée ; les fragments ne sont pas désagrégés, mais rendus friables, ayant l'aspect d'un schiste plissé en petit. Résidu des parties dissoutes grisâtre, formé de paillettes de schiste noir, de grains et de fragments de veines de quartz hyalin blanc.

N. 72^V, entre 5 345 et 5 375 mètres de M.— Calcaire schisteux, cristallin, gris, sableux, travesé par des veines de calcaire spathique blanc et de quartz.

N. 72^VI, entre 5 375 et 5 405 mètres de M.—Calcaire schisteux, gris, cristallin, sableux, avec schiste noir luisant, à surfaces de glissement d'un aspect anthraciteux : pyrites et paillettes talqueuses d'un éclat argentin répandues dans la masse. Les feuillets schisteux ont une composition très-analogue, d'après l'analyse de M. Moissenet, à celle du schiste n° 2. Il contient environ 7 pour 100 de quartz libre plus ou moins disséminé. (*Voir* ci-après l'analyse de M. Moissenet, p. 24.)

N. 72^VII, entre 5 405 et 5 435 mètres de M. — Calcaire schisteux cristallin, gris, sableux, avec schiste noir luisant, à feuillets contournés, présentant des paillettes et veinules de talc nacré, traversé par des veines de quartz et de calcaire spathique. Dans l'acide chlorhydrique, effervescence très-vive et persistante. Les fragments conservent leurs formes, mais deviennent friables. Résidu gris d'aspect terreux, contenant beaucoup de grains de quartz hyalin.

N. 72^VIII, entre 5 435 et 5 465 mètres de M. — Calcaire schisteux, gris, cristallin, et schiste avec reflets micacés contenant des espèces de rognons de calcaire saccharoïde d'un blanc sale, et de quartz.

N. 72^{IX}, entre 5 465 et 5 495 mètres de M. — Calcaire schisteux cristallin, gris foncé, à feuillets noirs, luisants, satinés, d'un aspect anthraciteux, présentant des paillettes de talc verdâtre ou argentin et des veines de quartz et de calcaire spathique dans lesquelles le talc se montre aussi bien que dans la masse.

N. 72^{X}, entre 5 495 et 5 525 mètres de M. — Schiste calcarifère gris, luisant, à feuillets satinés doux au toucher, d'un aspect graphiteux, contenant des paillettes de talc nacré et des petites veines de calcaire spathique et de quartz. Dans l'acide chlorhydrique, effervescence très-vive d'abord, et de courte durée. Les fragments restent cohérents. Résidu des parties dissoutes formé de quartz blanc avec paillettes de schiste noir.

N. 73, entre 5525 et 5555 mètres de M. — Calcaire schisteux, cristallin, d'un gris noirâtre, avec feuillets de schiste noir, luisant, parsemé de paillettes de talc nacré, contenant une veine composée de quartz hyalin et de calcaire spathique blanc.

N. 73bis, entre 5555 et 5585 mètres de M. — Calcaire schisteux, cristallin, gris, sableux, à feuillets schisteux noirs, d'un aspect anthraciteux, avec paillettes de talc nacré et veinules de calcaire spathique et de quartz.

N. 73ter, entre 5585 et 5615 mètres de M. — Calcaire schisteux, silicifère, cristallin, gris, à feuillets noirs contournés, d'un aspect anthraciteux, avec paillettes micacées, grisâtres, d'un éclat argentin, contenant de petits filons de calcaire spathique blanc et de quartz.

N. 73^{IV}, entre 5615 et 5645 mètres de M. — Calcaire schisteux, cristallin, gris foncé, à feuillets noirs, luisants, et paillettes micacées ou talqueuses.

N. 73^{V}, entre 5645 et 5675 mètres de M. — Calcaire schisteux, cristallin, silifère, d'un gris foncé, avec veines irrégulières de calcaire spatique blanc. Dans l'acide chlorhydrique, effervescence très-vive d'abord, qui se ralentit bientôt, mais qui ne cesse qu'après la désagrégation complète des fragments. Résidu noirâtre, assez abondant, d'un aspect terreux, rayant facilement le verre, contenant des grains de quartz hyalin et des particules de schiste noir d'un aspect anthraciteux.

N. 73 VI, entre 5675 et 5705 mètres de M. — Calcaire schisteux, cristallin, gris foncé, à feuillets schisteux, noirs, luisants, d'un aspect graphiteux, alternant avec des veines de calcaire spathique blanc.

N. 73 VII, entre 5705 et 5735 mètres de M. — Calcaire schisteux, cristallin, gris, à feuillets schisteux, noirs, luisants, satinés, avec veines irrégulières de calcaire spathique blanc, de quartz et de talc.

N. 73 VIII, entre 5735 et 5765 mètres de M. — Schiste calcarifère, noir, à feuillets luisants et satinés, présentant de nombreuses paillettes de talc, contenant une veine composée de calcaire spathique blanc et de quartz hyalin.

N. 73 IX, entre 5765 et 5795 mètres de M. — Calcaire schisteux, cristallin, d'un gris foncé, avec feuillets de schiste d'un gris noirâtre, un peu satinés, présentant de nombreuses paillettes de talc. Dans l'acide chlorhydrique, effervescence très-vive, les fragments se désagrégent complétement. Résidu noirâtre, très-fin, d'aspect terreux, dans lequel on ne distingue que peu de grains de quartz; cependant il raye le verre.

N. 73 X, entre 5795 et 5825 mètres de M — Calcaire schisteux, cristallin, d'un gris noirâtre, à feuillets schisteux, noirs, luisants, satinés et doux au toucher, d'un aspect anthraciteux Il renferme des veines filons de calcaire spathique blanc, mélangé d'un peu de quartz

N. 74, entre 5825 et 5855 mètres de M. — Calcaire schisteux, cristallin, silicifère, avec paillettes micacées ou talqueuses et feuillets ondulés de schiste noirâtre, un peu satinés, doux au toucher. Dans l'acide chlorhydrique, effervescence très-vive, les fragments se désagrégent presque complétement. Résidu abondant, grisâtre, d'un aspect terreux, rayant facilement le verre, contenant des paillettes de schiste, des grains de quartz, ainsi que des fragments de petites veines de quartz dégagés de la masse par l'acide.

N. 74 bis, entre 5855 et 5885 mètres de M. — Calcaire schisteux, cristallin, d'un gris noirâtre, à feuillets schisteux, d'un noir brillant, un peu satiné.

N. 74 ter, entre 5885 et 5915 mètres de M. — Schiste calcarifère, gris noirâtre, avec paillettes, d'apparence talqueuse, contenant une veine de calcaire spathique blanc et de quartz hyalin, avec une substance talqueuse verdâtre. Présentant une surface de glissement d'un aspect anthraciteux.

N. 74 IV, entre 5915 et 5945 mètres de M. — Calcaire schisteux, cristallin, gris, en strates légèrement contournés, à feuillets schisteux, noirâtres, luisants, satinés, présentant de nombreuses paillettes de talc nacré. Il contient des veines de calcaire sphatique blanc et de quartz.

N. 74 V, entre 5945 et 5975 mètres de M. — Calcaire schisteux, cristallin, gris, avec feuillets de schiste, noir, luisant, en strates légèrement contournés, présentant des paillettes de talc. Il contient des veines irrégulières de calcaire sphatique blanc et de quartz.

N. 74 VI, entre 5975 et 6005 mètres de M. — Calcaire christallin, d'un gris foncé, à feuillets schisteux, noirs, luisants, et veines de calcaire spathique blanc et de quartz, recourbées concentriquement. Dans l'acide chlorhydrique, effervescence très-vive, mais de courte durée, des fragments se désagrégent en laissant de petites plaques de quartz blanc provenant des veines courbées. Résidu formé de parcelles de schiste noir, très-abondantes et de grains de quartz hyalin blanc. La masse raye le verre.

N. 74^{VII}, entre 6005 et 6035 mètres de M. — Schiste calcarifère à feuillets noirs, luisants, satinés, avec paillettes talqueuses, renfermant une veine de calcaire spathique, blanc et de quartz avec talc verdâtre.

N. 74^{VIII}, entre 6 035 et 6 065 mètres de M. — Calcaire schisteux, cristallin, d'un gris foncé, avec veines de calcaire sphatique mêlé de quartz et avec schiste noir, luisant, satiné et doux au toucher, présentant de nombreuses paillettes de talc nacré.

N. 74^{IX}, entre 6065 et 6095 mètres de M. — Calcaire cristallin, gris, silicifère, légèrement schisteux, à feuillets schisteux, luisants, présentant quelques paillettes de talc. Dans l'acide chlorhydrique, effervescence très-vive d'abord, mais promptement affaiblie; les fragments conservent leurs formes, mais ils deviennent friables. Résidu des parties dissoutes très-abondant, contenant beaucoup de grains de quartz hyalin blanc, des paillettes de schiste d'un gris verdâtre, et des fragments de petites veinules de quart hyalin.

N. 74^{X}, entre 6095 et 6112 mètres de M. — Calcaire schisteux, cristallin, gris, avec feuillets

N. 75, à 6 110 mètres de Bardonnèche (6 110 mètres de Modane (milieu du tunnel). — Calcaire cristallin, gris, schistoïde, à feuillets ondulés d'un gris noirâtre, brillants, un peu satinés ; il est très-effervescent, mais ne se désagrége pas complétement, et laisse un squelette cohérent mais friable.

N. 76, à 5 900 mètres de B. (6 320 mètres de M.). — Calcaire cristallin, gris, sableux, avec veines de calcaire spathique blanc ; il est très-effervescent, et se désagrége complétement dans l'acide, en laissant des paillettes micacées et beaucoup de grains et de petits fragments anguleux de quartz hyalin blanc formant, environ, d'après l'analyse de M. Moissenet, 14 pour 100 du poids total.

N. 77, à 5 889 mètres de B. (6 331 mètres de M.). — Calcaire cristallin, gris, sableux, à cassure esquilleuse, avec veines de calcaire spathique blanc et de quartz; très-effervescent; se dissout rapidement dans l'acide chlorhydrique, en laissant un résidu formé en grande partie de grains et de petits fragments anguleux de quartz.

N. 78, à 5 850 mètres de B. (6 370 mètres de M.).— Calcaire cristallin, gris, schisteux, à surfaces micacées, très-effervescent; laisse un résidu friable contenant du sable quartzeux qui forme environ 25 pour 100 du poids total (M. Moissenet).

N. 79, à 5 800 mètres de B. (6 420 mètres de M.). — Calcaire schisteux, gris, cristallin, à surfaces luisantes, d'un gris noirâtre, très-effervescent; laisse un résidu composé en grande partie de grains de quartz.

N. 80, à 5 700 mètres de B. (6 520 mètres de M.). — Calcaire schisteux cristallin, gris, sableux, à feuillets contournés, à surfaces luisantes d'un gris noirâtre, un peu satinées, avec veines de quartz hyalin et de calcaire spathique blanc.

N. 81, à 5 700 mètres de B. (6 520 mètres de M.). — Calcaire schisteux, gris, cristallin, sableux, à feuillets d'un gris noirâtre, luisants, un peu satinés, très-effervescent.

N. 82, à 5 650 mètres de B. (6 570 mètres de M.). — Schiste calcarifère, noir, à surfaces luisantes, contournées, faiblement effervescent.

N. 83, à 5 600 mètres de B. (6 620 mètres de M.). — Schiste noir luisant, d'un éclat un peu satiné, à feuillets ondulés, non effervescent.

N. 84, à 5 550 mètres de B. (6 670 mètres de M.). — Schiste noir, à reflets verdâtres, à feuillets ondulés, luisants, satinés, alternant avec de petites lentilles de quartz blanc calcarifère.

N. 85, à 5 450 mètres de B. (6 770 mètres de M.). — Calcaire schisteux, gris, cristallin, à feuillets micacés, traversé par des petits filons blancs de quartz hyalin et de spath calcaire.

N. 86, à 5 400 mètres de B. (6 820 mètres de M.). — Calcaire schisteux, gris, cristallin, sableux, à feuillets de schiste noir, luisant, satiné.

N. 87, à 5 370 mètres de B. (6 820 mètres de M.). — Quartz et spath calcaire blanc, en veines dans le calcaire schisteux gris.

N. 88, à 5 341 mètres de B. (6 879 mètres de M.). — Calcaire schisteux, gris, cristallin, sableux, avec feuillets de schiste noir, satiné, luisant, traversé par de petits filons blancs de spath calcaire et de quartz. Il laisse dans l'acide un squelette cohérent qui raye le verre, et qui est composé en partie de petits grains de quartz blanc.

N. 89, à 5 323 mètres de B. (6 897 mètres de M.). — Calcaire cristallin, gris, sableux, très effervescent; laisse un squelette cohérent qui raye le verre et contient beaucoup de grains de quartz.

N. 90, à 5 320 mètres de B. — Calcaire gris, cristallin, schistoïde, à feuillets de schiste noir, luisant, satiné et de schiste talqueux Il contient des veines de quartz hyalin et de calcaire spathique blanc.

N. 91, à 5 266 mètres de B. (6 954 mètres de M.). — Calcaire gris, cristallin, sableux, avec veines de spath calcaire blanc et de quartz hyalin.

N. 92, à 5 197 mètres de B. (7 023 mètres de M.). — Id.

N. 93, à 5 173 mètres de B. (7047 mètres de M.). — Calcaire schisteux, gris, cristallin, sableux, avec feuillets de schiste gris, nuancé de vert, luisant et satiné.

N. 94, à 5 166 mètres de B. (7054 mètres de M.). — Calcaire schisteux, cristallin, gris, sableux, très-effervescent, avec feuillets de schiste noir, brillant satiné, et veines blanches de spath calcaire et de quartz hyalin.

N. 95, à 5 163 mètres des B. (7057 mètres de M.). — Calcaire schisteux, gris, cristallin, sableux, à feuillets de schiste gris, luisant, satiné.

N. 96, à 5119 mètres de B. (7101 mètres de M.). — Schiste noir luisant, à feuillets contournés, faiblement effervescent, passant en quelques points au schiste talqueux, et contenant de grosses veines de quartz hyalin et de spath calcaire blanc.

N. 97. à 5112 mètres de B. (7108 mètres de M.).—Calcaire schisteux gris, cristallin, sableux, à feuillets micacés avec veines talqueuses, contenant de grosses veines de quartz hyalin et de calcaire spathique blanc.

N. 98, à 5100 mètres de B. (7120 mètres de M.). — Schiste noir, luisant, satiné, calcarifère, avec veines de quartz hyalin et de calcaire spathique blanc.

N. 99, à 5050 mètres de B. (7170 mètres de M.).— Calcaire sableux, cristallin, gris, schisteux, à feuillets contournés de schisie noir luisant, contenant des veines de quartz hyalin et de spath calcaire blanc.

N. 100, à 5043 mètres de B. (5177 mètres de M). — Calcaire un peu cristallin, gris, schistueux, à feuillets noirs, brillants, satinés, très-effervescent ; laisse dans l'acide un squelette un peu friable, mais rayant le verre, composé principalement de petits grains de quartz hyalin ayant l'apparence d'un grès. (De même que plusieurs des précédents, cet échantillon pourrait être désigné aussi bien comme grès calcarifère que comme calcaire cristallin.)

N. 101, à 5027 mètres de B. (7193 mètres de M.). —Calcaire gris, sableux, cristallin, schisteux, à feuillets noirs luisants, avec veines de quartz hyalin et de calcaire spathique blanc.

N. 102, à 5018 mètres de B. (7202 mètres de M.). — Calcaire gris, cristallin, schisteux, à feuillets de schiste noir luisant, très-effervescent; laisse un squelette friable, composé principalement de schiste noir.

N. 103, à 5000 mètres de B. (7220 mètres de M.). — Schiste talqueux, calcarifère, à feuillets luisants, ondulés;

traversé par des veines de quartz hyalin et de spath calcaire blanc. Il est très-effervescent et laisse un squelette solide, rayant le verre; les grains de quartz y sont plus enveloppés que dans les calcaires schisteux.

N. 104, à 4 906 mètres de B. (7314 mètres de M.).— Calcaire schisteux, gris, silicifère, cristallin, à feuillets d'aspect micacé ou talqueux.

N. 105, à 4 900 mètres de B. (7320 mètres de M.).— Calcaire schisteux, gris, silicifère; cristallin, à feuillets brillants, d'aspect micacé, avec veines blanches de quartz hyalin et de spath calcaire.

N. 106, à 4 878 mètres de B. (7342 mètres de M.).—Calcaire schisteux, gris, cristallin, à feuillets noirs, contournés, luisants, avec veines blanches de spath calcaire et de quartz hyalin, et pyrites disséminées.

N. 107, à 4 868 mètres de B. (7342 mètres de M.).—Calcaire cristallin gris. schisteux, à feuillets d'un gris noirâtre, luisants, contournés, avec veines blanches de spath calcalre et de quartz hyalin, très-effervescent; laisso un squelette cohérent, composé en grande partie de particules de quartz hyalin.

N. 108, à 4 855 mètres de B (7365 mètres de M.). — Calcaire schisteux gris, cristallin. silicifère, à feuillet d'un noir verdâtre, d'apparence talqueuse, avec veines blanches de quartz hyalin et de spath calcaire.

N. 109, à 4 700 mètres de B. (7520 mètres de M:). — Calcaire schisteux gris, cristallin, avec veines blanches de quartz hyalin et de spath calcaire, contenant de petites veines talqueuses. Il est très-effervescent et laisse un squelette cohérent, siliceux.

N. 110, à 4 688 mètres de B. (7532 mètres de M.).—Calcaîre cristallin gris silicifère, schisteux, à feuillets luisants d'un gris noirâtre, avec voines blanches de quartz hyalin et de calcaire.

N. 111, à 4 000 mètres de B. (8220 mètres de M.).—Calcaire cristallin gris, schisteux, à feuillets contournés noirâtres, à reflets talqueux, avec veines blanches de quartz hyalin et de spath calcaire blanc. Il est très-effervescent, et laisse dans l'acide chlorhydrique un squelette peu solide, contenant beaucoup de parties schisteuses et du quartz hyalin blanc, grenu ou fragmentaire.

N. 112, à 3 500 mètres de B. (8720 mètres de M.). — Calcaire schisteux gris, cristallin, à feuillets noirs luisants. Il est très-effervescent, et laisse dans l'acide chlorhydrique un squelette peu cohérent contenant beaucoup de schiste noir et un peu de quartz hyalin blanc, grenu ou fragmentaire.

N. 113, à 3 000 mètres de B (9220 mètres de M.).— Calcaire schisteux gris, cristallin, à feuillets noirs, luisantst

N. 114, à 2 590 mètres de B. (9720 mètres de M.). — Id.

N. 115, entre 2 200 et 2 140 mètres de B. (entre 10 020 e. 10 080 mètres de M.).— Id.

N. 116, entre 1916 et 1873 mètres de B. (entre 10304 et 10347 mètres de M.).—Id., avec veines blanches de quartz hyalin et de spath calcaire.

N. 117, entre 1 873m 60 et 1 825m,50 de B. (entre 10 346m,40 et 10 394m,50 de M.).— Id., avec veines blanches de quartz hyalin et de spath calcaire présentant des traces de talc.

N. 118, entre 1 825 et 1 784m60, de B. (entre 10 395 et 10 435m,40 de M.). – Id., avec petits filons blancs de quartz hyalin et de calcaires spathique.

N. 119, entre 1 784m 60 et 1744m,50 de B. (entre 10435m,40 et 10 475m,50 de M). — Calcaire gris, cristallin, schisteux, à feuillets ondulés d'un gris noirâtre. brillants, avec veines de quartz hyalin et de calcaire spathique blanc contenant du talc jaunâtre et des pyrites.

N. 120, entre 1 744m,50 et 1701 mètres de B (entre 10475m,50 et 10 5.9 mètres de M). — Calcaire gris, cristallin. schisteux, à feuillets d'un gris noirâtre, brillants, quelquefois micacés, avec voines de quartz hyalin et de calcaire spathique blanc.

N. 121, entre 1667m,80 et 1623m,60 de B. (entre 10 552m,20 et 10596m,40 de M). — Calcaire gris, cristallin, schisteux, à feuillets ondulés d'un gris noirâtre, brillants, présentant quelques reflets talqueux, avec veines de quartz hyalin et de calcaire spathique blanc.

N. 122, à 1490 mètres de B. (10 730 mètres de M.).— Calcaire cristallin, gris, schisteux, à feuillets noirs, brillants.

N. 123, à 1470 mètres de B. (10 750 mètres de M.). Calcaire cristallin, gris, schisteux, à feuillets ondulés, noirs, brillants.

N. 124, à 1400 mètres de B. (10 820 mètres de M.).— Calcaire cristallin, gris, schisteux, à feuillets noirs, luisants.

N. 125, à 1357 mètres de B. (10863 mètres de M.). — Id.

N. 126, à 1340 mètres de B. (10880 mètres de M.).—Id., avec veines de quartz hyalin et de calcaire spathique blanc, présentant des parties vertes d'apparence talqueuse.

N. 127, à 1200 mètres de B. (à 11 020 mètres de M.).— Calcaire gris, cristallin, schistenx.

N. 128, à 1200 mètres de B. (à 11020 mètres de M.). — Id., avec grosses veines de quartz hyalin et de spath calcaire blanc.

N. 129, à 1150 mètres de B. (à 11 070 mètres de M.). — Calcaire gris, cristallin, schisteux, à feuillets noirs, brillants, contenant de grosses veines de quartz hyalin et de sphath calcaire blanc.

N. 130, à 1070 mètres de B. (à 11 150 mètres de M.).— Calcaire gris, cristallin, schisteux.

N. 131, à 1024 mètres de B. (à 11 196 mètres de M.). — Id., à feuillets de schiste noir luisant.

N. 132, à 1000 métres de B. (à 11 220 mètres de M.). —Id., avec veines de quartz hyalin et de calcaire spathique blanc.

N. 133, à 500 mètres de B. (à 11 720 mètres de M.).— Calcaire gris, cristallin, schisteux, à feuillets noirs luisants.

N. 134, à 156 mètres de B. (à 12064 mètres de M.). — Id., avec veines de quartz hyalin blanc.

« Le Catalogue précédent n'indique pas l'épaisseur de la couche formée par chaque espèce de roche. Une partie de ces roches se ressemblent tellement, que leurs limites sont indistinctes ; d'autres, au contraire, se distinguent très-nettement, et elles ont joué, dans les travaux du percement, des rôles très-différents, à cause des obstacles que la dureté de quelques-unes d'entre elles y a apportés. Les ingénieurs chargés de la direction des travaux, MM. Copello et Borella, ont tenu note exacte de l'épaisseur suivant laquelle chacune de ces roches a été traversée, ainsi que du temps qui y a été employé, et M. Sismonda a résumé ces notes dans un tableau qu'il a joint à l'envoi de la collection, et que je ne puis mieux faire que de placer ici. (*Voir pages* 48 *et* 49.)

» M. Moissenet, ingénieur des mines et chef du laboratoire d'essai, a bien voulu, à ma prière, faire l'analyse des n°s 2, 69bis, 71^{x} et 72^{vi}. Il m'a remis à ce sujet la note suivante :

» N° 2, Schiste gris-bleu, foncé ; très-fissile.

» N° 69bis, analogue au précédent, mais présentant une cassure transversale plus compacte.

» N°s 71^{x} et 72^{vi}, formés d'un mélange de schiste, avec du carbone de chaux et du quartz.

» On a dosé sur 100 parties :

N° 1.

	N° 2.	N° 69.bis	N° 71ᴵ.	N° 72ᵛᴵ.
Silice totale. . .	47,00	62,33	26,33	17,00
Albumine. . . .	39,00	26,10	10,00	6,00
Peroxyde de fer.	6,66	5,33	2,33	1,66
Magnésie	0,66	0,66	0,33	0,33
Chaux	traces	traces	32,00	40,00
Perte par calcination. . .	6,33	4,66	28,00	34,66
	99,65	99,08	98,99	99,65

» Ces résultats de l'analyse peuvent être interprétés au point de vue de la composition des roches, en observant que le fer est à l'état de protoxyde dans le silicate.

» On aurait :

N. 2.

Silice	47,00
Alumine.	39,00
Protoxyde de fer.	6,11
Magnésie	0,66
Chaux.	traces
Eau et matières organiques	6,88
	99.65

» Le n° 69bis ne différerait du précédent que par le quartz libre, mais très-finement disséminé dans le silicate.

N° 69 bis.

Silice	32,57	
Alumine	26,10	
Protoxyde de fer	4,89	69,32
Chaux	traces	
Magnésie	0,66	
Eau et matières organiques	5,10	
Quartz disséminé		29,76
		99,08

» Les nos 71x et 72vi seraient formés d'un mélange de schiste (analogue au n° 2), de carbonate de chaux et de quartz.

		N° 71x.		N° 72vi.	
Schiste.	Silice	13,76		9,93	
	Alumine	10,00		6,00	
	Protoxyde de fer	2,13		1,52	
	Magnésie	0,33	29,28	0,43	21,13
	Chaux	traces		traces	
	Eau et mat. orga.	3,06		3,35	
Carbonate de chaux			57,14		71,45
Quartz libre, plus ou moins					7,07
disséminé			12,56		
			98,99		99,65

» Il est à remarquer que, dans ces quatre échantillons, si différents les uns des autres, la matière schisteuse présente toujours à peu près la même composition, qui est celle du schiste ardoisé n° 2 placé à la partie supérieure de la zone anthracifère.

» On pourrait s'étonner de n'y trouver que des traces insignifiantes de magnésie, si l'on n'observait qu'ils sont du petit nombre de ceux dans lesquels le catalogue n'indique pas de talc, ou seulement une petite quantité du minéral désigné sous ce nom.

» On pourrait s'étonner également de trouver dans le schiste n° 69 bis une aussi forte proportion (29,76 pour 100) de sable quartzeux; mais on doit considérer que, si 1 partie de ce schiste était réunie à 2 parties de calcaire, le sable ne formerait plus que 10 pour 100 environ de la masse, proportion qui est dépassée dans un grand nombre d'échantillons, et qui n'a plus rien de remarquable.

» Le schiste n° 69bis est donc simplement un échantillon à l'état de pureté du mélange de schiste et de sable qui entre dans la composition de la plupart des échantillons de la collection, et qui contribue pour beaucoup à déterminer leur aspect et leur propriétés.

Remarques générales.

» Il me reste à ajouter au catalogue, des remarques et quelques observations générales, tirées en partie des lettres et des communications verbales de M. Sismonda.

» Les descriptions individuelles des roches traversées par le tunnel se prêtent à des rapprochements susceptibles d'être résumés, et de donner de la composition du terrain une idée beaucoup plus simple que celle qui semble résulter de la première vue du catalogue. Il suffit pour cela de grouper les cent quatre-vingt-seize portraits individuels dont il se compose, de la manière la plus favorable pour pouvoir en parler collectivement.

» Dans le tableau placé à la fin du premier Catalogue, M. Sismonda partage les couches traversées par le tunnel en trois grandes divisions, qui sont :

» Le terrain anthracifère supérieur, le même, suivant lui, que celui d'Aime, en Tarentaise ;

» La grande masse calcaire, la même, dans son opinion, que celle de Villette, en Tarentaise ;

» Et le terrain de calcaire schisteux inférieur, le même, à ses yeux, que celui de Naves, en Tarentaise.

» Deux de ces trois grandes divisions peuvent être elles-mêmes très-opportunément subdivisées ; car on est naturellement conduit à considérer à part les quartzites qui forment la partie inférieure du terrain anthracifère supérieur, et, en outre, le terrain de calcaire schisteux inférieur étant extrêmement épais, il sera utile de mettre en évidence les nuances de différence que présentent ses différentes parties, en s'en servant pour le partager en trois grandes assises : l'assise supérieure, l'assise moyenne et l'assise inférieure des calcaires schisteux.

» Les terrains traversés par le tunnel seront alors considérés comme étant répartis en six zones, savoir :

» La *zone anthraciteuse*, qu'on rencontre la première

en venant de Modane, après avoir traversé 128 mètres de terrain ébouleux, et qui est la plus élevée dans l'ordre de la superposition des couches. Elle a présenté dans la direction du tunnel une épaisseur oblique de 1 967^{m},35, correspondant à une épaisseur normale ou orthogonale de 1 137^{m},41. Le terrain anthracifère qui la constitue, et qui la représente par les échantillons n° 1 à n° 24 inclusivement de la Collection et du Catalogue, offre l'aspect et la composition ordinaires du terrain anthracifère supérieur de la Maurienne et de la Tarentaise.

« La *zone des quartzites*, qui présente dans la direction du tunnel une épaisseur oblique de 381^{m},40, correspondant à une épaisseur orthogonale de 220^{m},50. Elle est représentée dans la Collection et dans le Catalogue par le n°s 25 à 41 inclusivement. C'est la plus mince des zones traversées par le tunnel, mais c'est en même temps la plus remarquablement caractérisée. On y rencontre une foule d'accidents minéralogiques curieux et propres à faire naître des remarques et des comparaisons variées.

» 3° La *zone calcaréo-gypseuse*, qui présente une épaisseur oblique de 808^{m},05 et une épaisseur orthogonale de 496^{m},07. Elle est représentée dans la Collection et dans le Catalogue par les n°s 42 à 60 inclusivement. De même que la zone des quartzites, à laquelle elle est intimement liée, cette zone présente une foule d'accidents minéralogiques remarquables. Le calcaire cristallin, tantôt massif et presque pur, tantôt schisteux et mélangé, y occupe, en quatre parties, dans le tunnel, une longueur totale de 473^{m},87 ; l'anhydrite, rencontré de même quatre fois, y occupe une longueur totale de 334^{m},88 ; enfin le schiste talqueux avec le quartz grenu schistoïde, occupe dans le tunnel, vers le quart supérieur de la zone, une longueur de 49^{m},30, correspondant à une épaisseur orthogonale de 28^{m},50. Cette zone a été arrêtée à la masse d'anhydrite n° 60, qui a paru former une limite assez naturelle ; mais les calcaires schisteux qui encaissent de part et d'autre cet anhydrite se ressemblent extrêmement, et peuvent être considérés comme faisant déjà partie du grand système des calcaires schisteux au milieu desquels le tunnel poursuit son cours jusqu'à Bardonnèche. Il y a donc une liaison intime entre la zone calcaréo-gypseuse et la suivante.

» La zone calcaréo-gypseuse, dont l'épaisseur orthogonale n'est que de 496^{m},07, est encore assez mince comparativement à l'énorme épaisseur des calcaires schisteux. Pour concevoir comment M. Sismonda a pu, malgré cela, la désigner sous le nom de *grande masse calcaire*, il faut savoir que l'anhydrite y disparaît souvent, remplacé, à ce qu'il paraît, par une épaisseur à peu près égale de calcaire cristallin massif. Or, une assise de calcaire solide de 500 mètres environ d'épaisseur est de nature à produire de grands escarpements qui se dessinent fortement dans le paysage, et dont les formes hardies, éminemment propres à frapper les yeux, justifient le nom de *grande masse calcaire*, que ne motiveraient pas de la même manière les calcaires schisteux dont les affleurements ébouleux sont généralement adoucis par l'accumulation de leurs propres débris.

» 4° La *zone supérieure des calcaire schisteux*, qui présente une épaisseur oblique de 2 775^{m},20 et une épaisseur orthogonale de 1 604^{m},46. Elle est représentée dans la Collection et dans le Catalogue par les n°s 61 à 75 inclusivement, qui comprennent soixante-dix-huit échantillons, à cause des désignations supplémentaires qui ont dû être employées, comme on l'a expliqué précédemment. C'est ici la zone la plus largement représentée; mais la multiplicité des échantillons ne fait ressortir que plus fortement l'uniformité générale de sa composition, où les différences individuelles signalées par le Catalogue sont, plus que partout ailleurs, dominées par la monotonie du facies général. Cela tient visiblement à l'abondance relative de l'élément schisteux, dont le mélange est tellement considérable, que beaucoup d'échantillons ont dû être désignés dans le Catalogue comme schistes calcarifères, ou même simplement comme schistes, plutôt que comme calcaires schisteux. Ce caractère paraît s'atténuer dans la partie inférieure de la zone, où l'élément calcaire reprend la prédominance par rapport à l'élément schisteux. Plus haut, au contraire, vers le milieu de la zone, les feuillets de schiste noir, luisant, sont souvent la matière dominante, et ils ont parfois un aspect anthraciteux ou graphiteux qui pourrait faire soupçonner qu'on n'est pas loin d'un gisement d'anthracite, et qui indique la réunion de cette zone et de la zone anthracifère dans une seule et même grande formation.

» 5° La *zone moyenne des calcaires schisteux*, qui présente, dans la direction du tunnel, une épaisseur oblique de 2610 mètres correspondant à une épaisseur orthogonale de 1 508^{m},95. Elle est représentée, dans la collection et dans le catalogue, par les n°s 76 à 112 inclusivement. Cette zone est caractérisée par la présence, dans le calcaire schisteux, d'une proportion plus considérable que dans les autres zones, d'un sable quartzeux que la dissolution du calcaire dans l'acide chlorhydrique met en évidence, et qui se décèle par la facilité avec laquelle la roche raye le verre. On lui a donné le nom de *calcaire schisteux cristallin silicifère*. Dans la plupart des échantillons, c'est le calcaire qui domine; mais, dans d'autres moins nombreux, c'est le schiste noir luisant, et ce dernier paraît quelquefois l'emporter d'une manière assez prononcée pour qu'on ait dû qualifier la roche de *schiste calcarifère* plutôt que de *calcaire schisteux*.

» 6° Enfin, la *zone inférieure des calcaires schisteux*, qui ne cesse qu'à l'entrée méridionale, près de Bardonnèche, où le tunnel entre dans le vide de la vallée de Roche-Molle, sans que rien ait annoncé que la formation des calcaires schisteux soit terminée ou près de se terminer. Cette zone présente, dans la direction du tunnel, une épaisseur oblique de 3 500 mètres correspondant à une épaisseur orthogonale de 2 023^{m},49. Elle est représentée dans la collection et dans le catalogue par les n°s 113 à 134 inclusivement. Elle est caractérisée par une prédominance, plus prononcée et plus constante que dans les deux zones précédentes, de l'élément calcaire par rapport à l'élément schisteux, ans qu'il y ait cependant rien de particulièrement tranché à cet égard. Le sable quartzeux n'y fait pas complétement défaut.

» On peut même dire, en thèse générale, que, depuis les parties inférieures de la zone calcaréo-gypseuse jusqu'à l'entrée du tunnel près de Bardonnèche, les calcaires schisteux ne présentent que des nuances de différences, nuances qui sont cependant suffisantes pour y établir les distinctions qui viennent d'être signalées.

» L'élément qui influe le plus sur l'aspect général de la plupart des roches traversées par le tunnel est le schiste argileux noir à feuillets luisants, un peu contournés. Il enveloppe les parties calcaires et les grains quartzeux qui entrent dans la composition de la roche, et dont les teintes blanchâtres, peu prononcées, ne sont guère propres à en diversifier l'aspect. La roche se fend presque toujours de préférence suivant la surface d'un feuillet schisteux, ce qui fait que le schiste influe sur son aspect plus fortement encore que ne semblerait le comporter sa proportion pondérable. De là la monotonie d'aspect qui caractérise la plus grande partie de la collection.

» Ce schiste noir est une matière presque inerte qui ne donne que peu de prise à aucun genre d'essai. M. Guyerdet, conservateur adjoint des collections de l'École des mines, qui est fort exercé à souffler au chalumeau, a fait sur les schistes noirs des différentes

TUNNELES ALPES

Tableau des roches et des terrains ren partir de l'entrée nord, près de Modane.

DURÉE DE LA PERCÉE DE CHAQUE ROCHE		TERRAINS	ROCHES RENCONTRÉES	DISTANCE de chaque roche de l'entrée du tunnel	ÉPAISSEUR propre de chaque roche	ÉPAISSEUR des terrains
				mètres	mètres	mètres
Du 5 décembre 1857	au 25 avril 1858....	Éboulement........	Sable, terre, blocs, cailloux, etc.	0,00 à 128,000	128,00	128,00
Du 25 avril 1858	au 15 juin 1865....	Terrain anthracifère supérieur; le même que celui d'Aime en Tarentaise........	Schiste (ardoise), grès, conglomérats quartzeux, psammites, calcaire schisteux, etc...........	128,00 à 2095,35 (nos 1 à 24 du Catal.)	1967,35	2348,75
Du 15 juin 1865	au 7 mars 1867.....		Quartzite......................	2095.35 à 2476,75 (nos 25 à 41)	381,30	
Du 7 mars 1867	au 4 juin 1867......	Grande masse calcaire: la même que celle de Villette en Tarentaine.......	Anhydrite......................	2476,75 à 2696,90 (nos 42 à 49)	220,50	858,05
Du 4 juin 1867	au 21 juin 1867.......		Calcaire cristallin...............	2696,90 à 2730,90 (nos 50 à 54)	34,00	
Du 21 juin 1867	au 12 juillet 1867.....		Schiste talqueux...............	2730,90 à 2780,20 (nos 55 et 56)	49,30	
Du 12 juillet 1867	au 23 juillet 1867....		Calcaire cristallin...............	2780,20 à 2802,02 (no 57)	21,82	
Du 23 juillet 1867	au 3 août 1867.......		Anhydrite......................	2802,02 à 2831,75	29,73	
Du 3 août 1867	au 13 août 1867.. ...		Calcaire schisteux.............	2831,75 à 2822,95 (nos 58 et 59)	21,20	
Du 13 août 1867	au 20 août 1867......		Anhydrite......................	2852,95 à 2867,15 (no 60)	14,20	
Du 20 août 1867	au 24 mars 1868......		Calcaire schisteux.............	2867,15 à 3264,00	396,95	
Du 24 mars 1868	au 28 avril 1868.....		Anhydrite......................	3264,00 à 3334.80	70,45	
Du 25 avril 1868..........................		Terrain de calcaire schisteux inférieur: le même que celui de Naves en Tarentaise.............	Calcaire schisteux.............	3334,80; il continue probablement jusqu'à l'entrée méridionnale près de Bardonnèche. (nos 61 à 134)	......	8885,20

parties de la collection un grand nombre de tentatives qui n'ont amené aucun résultat saillant. Il n'en a pas tiré de bitume; tout au plus est-il parvenu à en décolorer un peu quelques parties, en brûlant à leur surface le carbone qui les noircit. Tous ces schistes sont colorés en noir par le carbone, à l'état d'anthracite ou de graphite, qui, enveloppé dans le schiste, est fort difficile à incinérer. Les analyses que M. Moissenet a bien voulu faire, à ma prière, de plusieurs de ces schistes ont montré qu'ils contiennent environ, défalcation faite du quartz libre, 47 pour 100 de silice et 30 pour 100 d'alumine, ce qui rentre dans la composition la plus ordinaire des schistes argileux (*voir*, p. 24, les analysesde M. Moissenet). Ils présentent leur type le plus épuré dans le schiste ardoisé n° 2, situé en plein terrain anthracifère, dans la partie supérieure de la première zone.

» Après le carbone, l'élément le plus universellement répandu dans la collection est l'élément talqueux, c'est-à-dire ce minéral verdâtre et doux au toucher qu'on rencontre si fréquemment dans les Alpes occidentales, et auquel on a l'habitude de donner le nom de *talc*, sans prétendre que sa composition soit exactement celle d'un silicate de magnésie avec ou sans eau.

» Le Catalogue signale ce minéral d'apparence talqueuse dans la plus grande partie des échantillons, et, à vrai dire, il n'y en a presque pas où, par un examen très-attentif, on ne finisse par discerner quelques paillettes ayant l'aspect du talc nacré.

» L'élément talqueux, presque aussi répandu dans la

collection que le schiste noir coloré par le carbone, se présente comme son antagoniste ; car, à mesure qu'il augmente en proportion, le schiste noir paraît diminuer d'autant, et ce dernier disparaît tout à fait quand l'élément talqueux prédomine complétement. On ne trouve plus alors que du schiste talqueux associé aux autres éléments de la roche, comme cela se voit notamment dans les nos 14 et 103, pris, l'un à 1 313 mètres et l'autre à 7 220 mètres de l'entrée de Modane, et dans un grand nombre de numéros intermédiaires.

» Indépendamment du schiste noir coloré par le carbone et du talc, il est encore un élément toujours semblable à lui-même qui est très-généralement répandu dans les roches du tunnel. C'est un sable quartzeux ordinairement assez fin, composé de petits grains, le plus souvent amorphes, de quartz hyalin à peu près incolore. Il donne à presque toutes les roches du tunnel la faculté de rayer plus ou moins facilement le verre. Il ne fait presque jamais défaut dans les roches de la zone anthracifère, dont plusieurs couches ne sont que des grès quartzeux un peu micacés ou talqueux. Il forme l'élément principal des quartzites. Il est peu répandu dans la zone calcaréo-gypseuse, mais on le retrouve dans toute l'étendue de la grande division des calcaires schisteux. C'est dans la zone moyenne de cette division qu'il est particulièrement abondant, et, d'après les analyses de M. Moissenet, il y forme jusqu'à 14 pour 100, et même 25 pour 100, de la masse de certains échantillons, qui contiennent en même temps beaucoup de schiste, de sorte que plusieurs d'entre eux mériteraient aussi bien le nom de *grès schisteux calcarifère* que celui de *calcaire schisteux*, *silicifère* ou *sableux*.

» Enfin le carbonate de chaux, qui forme la masse principale de plus de la moitié des échantillons de la collection, ne fait complétement défaut que dans un petit nombre d'entre eux, et peut être considéré, de même que le schiste noir luisant, le talc et le sable quartzeux, comme établissant un lien commun entre toutes les roches traversées par le tunnel. Les particules calcaires, lorsqu'elles sont discernables, sont à l'état cristallin, comme cela à lieu ordinairement dans tous les calcaires qui ont commencé à subir une action métamorphique.

» La cristallisation a fait disparaître les fossiles, notamment les bélemnites, qui se trouvent si fréquemment dans les parties des mêmes couches prolongées qui n'ont pas été modifiées, et qui concourent, avec l'étude stratigraphique de leur prolongation, à y faire reconnaître les marnes supérieures du lias.

» Les zones 1 et 2, 3 et 4, 4 et 5, 5 et 6 sont mutuellement liées par des passages qui rendent leurs limites incertaines et qui ne permettent pas de songer à les séparer. Seules les zones 2 et 3, c'est-à-dire la zone des quartzites et la zone calcaréo-gypseuse, ne présentent pas le même genre de liaison; mais elles en présentent un autre équivalent. En effet, l'assise de schiste talqueux verdâtre, à nuances violacées, avec quartz grenu schistoïde ayant ses feuillets couverts de talc jaunâtre, qui se trouve encaissée dans la zone calcaréo-gypseuse, à 150 mètres de profondeur orthogonale au-dessous de sa surface supérieure, constitue une liaison par alternance qui n'a rien d'équivoque.

» D'après ces circonstances réunies, il est évident que toutes les roches traversées par le tunnel, malgré quelques accidents partiels et d'une importance secondaire, constituent un tout unique et appartiennent à une seule et même grande formation.

» On peut enfin citer encore, comme un des éléments qui tendent à donner une grande uniformité d'aspect à toutes les parties de la série, et surtout aux trois zones de calcaire schisteux, les petits filons de spath calcaire blanc et de quartz hyalin, contenant fréquemment des parties d'apparence talqueuse, qu'on observe dans un grand nombre d'échantillons.

» Ces petits filons sont bien connus et généralement très-répandus dans tous les calcaires schisteux des Alpes occidentales, où ils ont rempli les fissures dues à l'une des dernières commotions dont ces montagnes portent l'empreinte. L'existence du talc dans ces petits filons prouve que le satinage talqueux des roches du tunnel a été une opération très-moderne.

» L'uniformité monotone que présente l'aspect des roches du tunnel n'est interrompue d'une manière suivie que dans la zone quartzeuse et dans la zone calcaréo-gypseuse, sur une étendue oblique de 1239^{m},45, répondant à une épaisseur orthogonale de 716^{m},57, qui forme environ un dixième de la longueur du tunnel. Mais l'imprégnation talqueuse n'a pas envahi toute cette étendue d'une manière également complète. Dans les portions où elle a pris complétement le dessus, toutes les parties qui ne sont pas blanches ont une couleur verdâtre interrompue par des marbrures d'un rouge-violacé. La teinte de l'ensemble est blafarde et terne.

» Cette tache par décoloration rappelle, sur une échelle infiniment plus grande, l'effet produit par un coup de chalumeau sur un morceau de charbon. L'imprégnation talqueuse dont elle est la conséquence directe se lie évidemment à l'existence des quartzites, et probablement à celle des anhydrites et des minéraux accidentels (sel gemme, dolomie cristallisée en rhomboèdre primitif, cristal de roche en cristaux terminés, pyrites, talc d'un blanc-verdâtre en paillettes agglomérées). Ces différentes substances ont évidemment une origine connexe, et le tout n'a certainement revêtu sa forme actuelle qu'à une époque très-moderne, puisque le talc, ainsi qu'on vient de le faire remarquer, se rencontre fréquemment dans les petits filons de spath calcaire blanc et de quartz hyalin, dont la formation, comme on va le voir, ne peut remonter au delà des derniers fendillements des roches alpines, dont ils ont rempli et scellé les dernières fissures.

» L'étude de ce curieux phénomène pourrait devenir l'objet d'un travail de quelque intérêt, pour lequel la collection placée sous les yeux de l'Académie fournirait de très-bons matériaux, mais qui serait ici un hors-d'œuvre, parce qu'il n'est pas nécessaire pour constater la continuité de formation des roches que traverse le tunnel. Se rapportant à un événement géologique tout à fait récent, il ne pourrait éclairer ni sur l'origine première de ces roches, ni sur leur classification dans la série chronologique des terrains.

» Le peu d'ancienneté des petits filons qui nous occupent se manifeste par la circonstance, qu'ils ont complétement bouché toutes les fissures du terrain, qui, lorsque ces innombrables fissures étaient ouvertes, devait être, pour ainsi dire, aussi perméable qu'un tamis. Ils l'ont rendu complétement étanche, et, puisqu'il a conservé cette rare et remarquable propriété, il est évident que le remplissage des petits filons a été postérieur à toutes les commotions, dont plusieurs, évidemment très-modernes, comme l'éruption des roches serpentineuses soulevées en face de Bramant, qui ont pu cribler de fissures le terrain traversé par le tunnel. Ce terrain n'a plus été fendillé depuis lors que d'une manière exceptionnelle et très-restreinte, comme le démontre l'absence dans le tunnel de toute infiltration d'eau notable.

» Dans la galerie ouverte à partir de Modane, on a trouvé, vers la jonction de la zone calcaréo-gypseuse et de la zone supérieure des calcaires schisteux, une petite source ferrugineuse froide qui donne ½ litre d'eau par seconde. N'étant aucunement thermale, cette source ne vient pas d'une grande profondeur et ne dénote pas l'existence d'une faille traversant tout le terrain. On peut supposer qu'elle tire les sels de fer auxquels elle doit sa vertu de pyrites en décomposition ou des minerais de fer dont il existe des exploitations dans les montagnes circonvoisines. Les ouvriers ont remarqué cette source, dont l'eau, agréable à boire, est très-saine, et ils viennent s'y désaltérer quand ils passent dans le voisinage, mais ils n'en ont trouvé aucune autre dans la prolongation du souterrain. Les petits suintements qui existent dans le reste de la galerie sont insignifiants. Les ingénieurs en évaluent le produit collectif à ½ litre par seconde.

» La galerie ouverte à partir de Bardonnèche n'a présenté aucune source, et les suintements n'y sont pas plus considérables que dans celle qui part de Modane.

» Ce qui prouve péremptoirement qu'on n'a pas trouvé une quantité d'eau notable dans tout le percement, c'est que l'eau dont on se sert journellement pour aiguiser les outils et pour les autres besoins du service des machines, aussi bien que pour les ouvriers, a toujours été prise à l'extérieur et introduite dans les galeries par leurs orifices extrêmes pour être portée jusqu'au fond, en parcourant ainsi vers la fin du travail une distance d'une lieue et demie.

» Il faut être très-réservé dans les suppositions qu'on pourrait être tenté de faire à l'égard des bouleversements que le terrain aurait éprouvés avant la formation des petits filons de spath calcaire blanc et de quartz hyalin qui en ont si parfaitement scellé toutes les fissures.

» On n'y a pas rencontré de failles vides, ni de failles remplies de débris ; l'absence des eaux le prouve à elle seule. On n'y a pas non plus rencontré de filons occupant des failles remplies par eux-mêmes. Les nos 3, 7, 21 et 68 IV annoncent, à la vérité, l'existence de filons quartzeux avec chlorite comparables à ceux qui contiennent la plupart des minéraux de l'Oisans ; mais on ne paraît pas les avoir distingués des petits filons remplis de spath calcaire blanc et de quartz hyalin, ce qui prouve qu'ils ne sont associés respectivement à aucune dislocation remarquable.

» Les couches du terrain, formées dans une position horizontale, ont été relevées de manière à prendre l'inclinaison de 50 degrés qu'elle présentent ; cela ne peut être contesté. Ce relèvement des couches a donné lieu à des frottements dont un grand nombre d'échantillons portent des traces évidentes, et à des contournements de couches partiels qui ont été signalés précédemment ; mais on n'y a constaté aucun contournement en grand. Les six zones dont le terrain se compose, malgré toutes les ressemblances que présentent leurs éléments, sont cependant assez distinctes l'une de l'autre, pour qu'aucune d'elles ne puisse être considérée comme la prolongation repliée de l'une des cinq autres. On ne pourrait faire une pareille supposition que pour les trois zones calcaires ; mais les ingénieurs ont opposé à cette supposition une remarque très-simple, c'est que les outils perforants s'usaient plus vite dans la zone moyenne des calcaires schisteux que dans les deux autres, à cause de l'action exercée sur l'acier par le sable quartzeux, dont l'abondance relative caractérise cette zone. La zone inférieure des calcaires schisteux, où le calcaire domine, et la zone supérieure, où le schiste l'emporte souvent, ne peuvent pas davantage être confondues entre elles.

» Quant aux couches innombrables dont l'aspect monotone fatigue les regards, et dont l'uniformité générale de composition atteste l'unité de formation, elles présentent dans les menus détails de leur structure des différences individuelles qu'une pratique journalière permet de saisir beaucoup plus nettement qu'on ne peut les indiquer dans la rédaction d'un Catalogue. Les brigades d'ouvriers employées pendant plusieurs années à enlever par fragments les roches qui occupaient la place du tunnel, après les avoir perforées par d'innombrables trous de mines, ont fait, avec l'étoffe dont chacune de leurs couches se compose, une connaissance beaucoup plus intime qu'aucun minéralogiste n'aura la patience de le faire ; et ils méritent d'être crus lorsqu'ils déclarent, ainsi qu'ils l'ont fait, qu'aucune ne s'est répétée et n'a été traversée deux fois.

» On peut donc additionner, pour avoir l'épaisseur du terrain, les épaisseurs individuelles de toutes les couches ; car si des contournements partiels ont fait varier l'obliquité de certaines couches par rapport à la ligne du tunnel, leurs effets en sens divers ont dû se compenser. Cette somme n'est autre chose que la longueur même du tunnel, qui est de 12 092 mètres pour les épaisseurs obliques mesurées suivant sa direction, ce qui donne 6990m,88 pour la somme des épaisseurs orthogonales.

» Au surplus, si l'on craignait que le chiffre de 6990m,88 ne présentât quelque exagération, on pourrait remarquer que le tunnel est bien loin de traverser en entier le terrain sédimentaire dans lequel il est ouvert. Au delà de Modane, il existe, au-dessus de la zone de terrain anthracifère que le tunnel a traversée, une grande épaisseur du même terrain que le tunnel n'a pas atteinte, et, du côté de Bardonnèche, il n'a pas atteint non plus la limite des calcaires schisteux. On peut donc être certain qu'en assignant au terrain une épaisseur orthogonale d'environ 7 000 mètres, on se contente d'un minimum qu'il serait facile d'augmenter.

» Mais une épaisseur de 7 000 mètres est déjà assez considérable pour faire disparaître certaines difficultés qu'on a cru rencontrer dans l'étude stratigraphique de ces contrées ; car ici, comme en beaucoup d'autres choses, la puissance des grands nombres est l'auxiliaire de la simplicité des procédés d'observation. Si de Saussure a eu raison de dire que la nature a travaillé en grand dans les Alpes, on pourrait ajouter qu'elle y a travaillé sur une étoffe extrêmement épaisse, sur laquelle elle ne pouvait exercer des effets d'ensemble qu'en opérant sur une grande échelle, et avec laquelle elle n'a pu produire que des ouvrages à larges contours, dans lesquels, quelle que puisse être la complication des détails secondaires, il y a toujours des lignes simples à saisir. C'est là le talent de l'observateur, qui a besoin d'y mettre beaucoup d'attention et de discernement; car les détails secondaires dont je parle constituent eux-mêmes des montagnes déjà considérables, propres à frapper ses regards d'étonnement, surtout s'il ne les examine que de près, et à le distraire des lignes plus grandes encore qui dominent et résolvent souvent, avec une étonnante simplicité, des questions stratigraphiques en apparence très-compliquées. Pour se rendre compte de la structure d'une montagne, comme pour juger l'architecture d'un édifice, une certaine reculée est nécessaire.

» Quelques chiffres éclairciront ces remarques.

» Le mont Blanc n'a que 4 811 mètres d'altitude, et il ne s'élève pas à 4 000 mètres au-dessus de sa base apparente, c'est-à-dire au-dessus des dépressions qui l'avoisinent. Aucune des montagnes stratifiées de la Maurienne et de la Tarentaise, que le mont Blanc domine toutes de beaucoup, ne s'élève jusqu'à 3 500 mètres au-dessus de sa propre base, c'est-à-dire qu'aucune d'elles n'a une hauteur égale à *la moitié seulement* des 7 000 mètres qui mesurent l'épaisseur orthogonale du système de couches traversé par le tunnel. Il serait donc impossible à ce système de couches d'y entrer tout entier, surtout lorsque sa section verticale est encore exagérée par l'inclinaison des couches ou par un ploiement de son ensemble. Les montagnes dont il fournit la matière ne peuvent être que des accidents de sa surface ; ce sont des prolongations inégales de quelques-unes de ses assises, et bien loin d'empêcher de suivre les zones juxtaposées que ces assises de natures diverses dessinent sur la surface, les montagnes fournissent des jalons pour en reconnaître la prolongation. Des inflexions partielles des couches, comme on en voit si souvent dans les Alpes, peuvent s'engloutir dans leurs masses, mais le terrain entier, ni même aucune de ses grandes divisions, ne sauraient s'y cacher et y dérober leur prolongation aux yeux de l'observateur.

» Une faille capable de faire disparaître tout le système de couches traversé par le tunnel, devrait avoir produit une dénivellation de plus de 7000 mètres, et pour en placer seulement la zone supérieure côte à côte avec la zone inférieure, elle devrait avoir une amplitude supérieure à la hauteur du mont Blanc. Chacune des trois zones calcaires du tunnel a une épaisseur orthogonale de 1500 à 2000 mètres et, à cause de l'inclinaison des couches à 50 degrés, une section verticale d'environ 2500 mètres. Pour placer côte à côte trois bandes calcaires qui produisissent illusoirement à la surface les mêmes effets que ces trois bandes superposées, il faudrait deux failles de plus de 2 000 mètres d'amplitude. Un pareil accident stratigraphique ne peut rester inaperçu, même dans les ténèbres d'un tunnel, et ne peut manquer de produire des accidents orographiques de première grandeur qui ne sauraient échapper à un observateur attentif. Pour être moins grandes, les failles devraient être plus nombreuses ; or on n'en a pas vu une seule ! On ne cite pas de sources thermales dans le voisinage.

» L'observateur peut donc en croire ses yeux, sans craindre d'être induit en erreur par des illusions mystérieuses, et suivre d'un regard assuré, jusqu'à de grandes distances, la prolongation et l'ajustage mutuel des grandes assises du terrain.

» C'est dans cette manière large et féconde, d'où la précision des détails n'est exclue en aucune façon, qu'ont été faites les observations exposées dans le Mémoire déjà cité de M. Sismonda. Ce Mémoire, intitulé *Nuove osservazioni geologiche sulle rocce anthracitifere delle Alpi*, à été lu et approuvé dans la séance du 5 décembre 1866 de l'Académie royale des Sciences de Turin, et publié dans ses Mémoires, 2e série, t. XXIV, p. 333. Un exemplaire tiré à part de ce beau travail a été présenté à l'Académie des Sciences de Paris, dans la séance du 18 mars 1867 (1) ; mais jusqu'ici, malheureusement, il n'a pas été traduit en français. (Nous le reproduisons ci-après)

» L'auteur a placé à la fin du Mémoire la coupe qu'il avait dessinée vingt-cinq ans auparavant, au moment où on commençait à s'occuper du percement des Alpes. Cette coupe, dressée suivant le plan déjà arrêté du futur tunnel, résume sur cet exemple particulier toute la stratigraphie des Alpes occidentales, et l'exécution du tunnel l'a vérifiée avec toute la précision que peut donner un sondage.

» Le tunnel, comme je l'ai déjà remarqué, est en effet un sondage horizontal, et un pareil sondage a sur les sondages verticaux ordinaires trois grands avantages :

1° Il est beaucoup plus étendu qu'aucun sondage vertical, car il a 12,092 mètres de longueur représentant

---

(1) *Comptes rendus*, t. LXIV, p. 581.

une épaisseur de couches traversées de 7000 mètres, tandis que les sondages les plus profonds exécutés en Europe, avec des outils qui rapportent les roches traversées, atteignent à peine 1000 mètres, et que les sondages chinois exécutés à la corde, au moyen d'un poids qui écarte les roches sans les faire connaître, ne dépassent pas 3000 mètres.

» 2° Ce sondage horizontal ne se borne pas à fournir des échantillons des roches traversées, il permet aux observateurs de pénétrer dans leur intérieur et de les observer en place avec tous les accidents qu'elles présentent.

» 3° Il permet de mettre les observations faites dans l'intérieur de la terre en rapport direct avec les observations faites à la surface, au moyen d'une coupe géologique ordinaire faite suivant un plan vertical passant par l'axe du tunnel.

» Une coupe géologique verticale et un sondage horizontal exécuté dans son plan, et dans toute sa longueur, exercent l'un sur l'autre un contrôle qui donne une grande force à leur réunion et en fait un document géologique de la plus haute portée. Le sondage, c'est-à-dire le tunnel, par sa continuité absolue, écarte toute supposition de failles ou de dislocations imaginaires cachées dans les plis du terrain, et dont l'existence rendrait illusoires les apparences extérieures de la stratification ; la coupe, faite à l'extérieur et au grand jour, met cette stratification vérifiée en rapport avec la structure orographique de la contrée. Une tranchée de chemin de fer qui suivrait la ligne de la coupe géologique en restant constamment en déblai, de manière à ce qu'aucun point du terrain ne pût lui échapper, rendrait un service du même genre, mais avec moins d'efficacité que le tunnel, qui, en recoupant toutes les couches à une profondeur considérable, démontre que leur allure est régulière et que les observations faites au jour ne se rapportent pas à des accidents superficiels. Ici l'accord entre l'extérieur et l'intérieur n'a rien laissé à désirer, et il a été assez frappant pour faire dire aux ouvriers, auxquels on a souvent prédit la nature des roches qu'ils allaient rencontrer, que sans doute *pour les yeux de la science, les montagnes étaient transparentes.*

» On voit que le principal résultat scientifique du percement du tunnel des Alpes occidentales consiste à avoir vérifié la coupe que M. Sismonda avait dressée, à l'époque où l'on a commencé à discuter le projet du percement des Alpes.

» Cette coupe, avec les changements convenables dans les contours extérieurs, pourrait s'appliquer à plusieurs autres localités que M. Sismonda décrit en détail et, je puis le dire, avec la plus grande fidélité, dans le Mémoire à la fin duquel la coupe a été publiée en 1867 seulement.

« Cette coupe est donc la quintescence de la stratigraphie de la Maurienne et de la Tarentaise, et, en la vérifiant, on a vérifié la classification de toutes les couches qui s'y observent.

« En résumé, le terrain anthracifère de la Maurienne et de la Tarentaise est intimement lié au terrain de calcaire schisteux qui appartient au lias supérieur. Il lui est superposé, et il est d'une origine plus récente, ainsi qu'on s'est efforcé de le prouver depuis quelque quarante ans.

« Cette dernière conclusion ne pourrait être infirmée que par la supposition que les 7 000 mètres de couches traversées par le tunnel seraient toutes dans une situation renversée ; mais cette supposition ne pourrait être vraie pour le tunnel sans l'être aussi pour toutes les autres parties de la Maurienne et de la Tarentaise, qui seraient alors des contrées où les couches sédimentaires ne se verraient jamais que dans une situation renversée : hypothèse paradoxale, qui, je me hâte de le dire, n'a pas été articulée d'une manière complétement explicite, et qu'il serait prématuré, par conséquent, de réfuter dès à présent.

« On a allégué, en faveur de l'hypothèse du renversement des couches, qu'une couche peut aussi bien être parvenue à une inclinaison de 50 degrés par un mouvement angulaire de 130 degrés que par un mouvement de 50 degrés ; mais on a oublié que l'application de cette vérité géométrique est sous le contrôle du fait, qu'une couche sédimentaire déposée horizontalement, a nécessairement un *envers* et un *endroit*. Tout le monde comprend comment on exercerait ce contrôle dans des couches portant l'empreinte de pas d'animaux ou chargées de coquilles qui ont vécu adhérentes, telles que des gryphées. On peut l'appliquer également à des dépôts qui renfermeraient des troncs d'arbres fossiles enfouis sur place avec leurs racines dans leur position naturelle.

« J'ai lu autrefois *deux* Mémoires dans lesquels on signalait, dans le terrain anthracifère de la Savoie, des troncs de grands végétaux pétrifiés dans une position perpendiculaire au plan général de la stratification, comme on en voit si souvent et en si grand nombre dans le terrain houiller.

« J'ai oublié le nom de l'auteur du premier de ces mémoires, mais voici les extraits du second, qui était dû à la plume savante et lucide de M. le chanoine Rendu, décédé depuis lors évêque d'Annecy et connu surtout dans la science par les observations qu'il a publiées sur les glaciers de son diocèse.

» Ce mémoire était intitulé : *Lettre sur quelques points de géologie*, adressée, en 1837, à M. De Luc par M. le chanoine Rendu (1). Ce savant et infatigable explorateur des montagnes de la Savoie y fait connaître un fait qui tendrait à établir péremptoirement que les couches anthracifères des environs de Moutiers ne sont pas à l'*envers*, mais qu'elles ont été simplement inclinées de manière à ce que celle de leurs faces qui était en dessus au moment de leur dépôt est encore en dessus.

« Pour bien comprendre la description de M. Rendu, il faut d'abord remarquer qu'il regardait toutes les parties du terrain sédimentaire de la Tarentaise comme tellement liées entre elles qu'il ne distinguait pas les

(1) *Lettre de M. le chanoine* RENDU *à M.* DE LUC, *naturaliste de Genève, sur quelques points de géologie* (*Mémoires de la Société royale académique de Savoie*, t. VIII, p. 149, 1837).

assises anthracifères des assises calcaires, assises dont j'ai moi-même signalé dans le corps de cette Note les nombreux traits de ressemblance et l'intime connexion. Il définit en effet, p. 152, ce terrain pris dans son ensemble dans les termes suivants :

« On retrouve aux environs de Moutiers de grandes « masses calcaires qui offrent une étrange combinaison « de tous les éléments des terrains primordiaux. Ce « calcaire, ordinairement de couleur bleuâtre ou gris-« noir, est d'une texture grenue, souvent fibreuse ; sa « cassure offre assez ordinairement des facettes brillan-« tes ; il passe quelquefois au saccharoïde, rarement au « compacte, souvent au schistoïde et au bréchiforme ; « il se combine avec l'argile et passe au calschiste et aux « phillades ; avec la magnésie, et passe à la dolomie ; « avec le quartz, et passe au psammite ; avec le talc et le « feldspath, et passe à l'arkose. Il contient des couches « d'anthracite, et prend, quand il s'en approche, une « couleur charbonneuse, qui, d'après l'analyse, est due « à une substance végétale. Il suffit, dans certains en-« droits, de parcourir quelques toises de chemin pour « retrouver successivement toutes ces combinaisons. »

« La plupart de ces combinaisons, je dois le faire remarquer, ne sont autre chose que les roches traversées par le tunnel, qui seulement sont décrites en termes différents de ceux du catalogue précédent et dont les liaisons sont ici plus accentuées encore que dans le tunnel.

« En remontant la petite vallée de Salins, à côté de « Moutiers, dit plus loin M. Rendu, on trouve à gauche

« et tout près du petit village du même nom, une masse « de calcaire stratifié et coloré en bleu (1), et dont tous « les blocs et les fragments les plus petits sont des rhom-« bes parfaitement déterminés. Après avoir dépassé le « village et près du confluent des deux torrents qui « coulent dans la vallée, on voit ce calcaire stratifié « former la base d'une montagne d'environ 1 500 mètres « d'élévation. L'inclinaison est au sud-est et d'environ « 55 degrés. Vers la base de la montagne, à peu près « au niveau du sol et entre deux couches d'anthracite, « on a découvert des végétaux fossiles dont les emprein-« tes sont assez bien marquées pour qu'on ait pu en « déterminer la classe, qui est celle des cryptogames, « et le genre, qui est celui des *Equisetum*. M. Cour-« tois, dessinateur-lithographe à Chambéry, a eu la « complaisance de me faire un dessin de ces fossiles in-« téressants, que je joins à ma lettre (Planche insérée « dans le volume précité). »

« Cette planche rappelle, sous beaucoup de rapports, celle que M. Brongniart a jointe à son important mémoire sur la mine du Treuil, dans le terrain houiller de Saint-Étienne. Plusieurs de ces végétaux sont exactement perpendiculaires aux plans des couches. Ils ne

---

(1) Cela doit s'entendre d'un bleu sombre très-voisin du noir. J'ai signalé des teintes bleues dans quelques-unes des roches traversées par le tunnel, et les calcaires schisteux gris, qui y sont si abondants, ont quelquefois une nuance bleue aussi prononcée que le calcaire bleu de la Belgique.

sont qu'en partie détachés du rocher auquel ils adhèrent encore, et ils paraissent avoir été saisis sur place, par la matière constituante des couches qui les renferment, au moment où celle-ci s'est déposée. Ces couches, étant comprises entre deux couches d'anthracite, se rapportent vraisemblablement aux combinaisons d'éléments que l'auteur désigne par les noms de ***Philladc*** et de ***Psammite***. tout en désignant collectivement l'ensemble du terrain comme calcaire.

« Le fossile n° 1, dit M. Rendu, a trois pouces de diamètre et 2 pieds et demi de long ; il occupe toute l'épaisseur de la couche, et comme cette couche se trouve à découvert des deux côtés, il est impossible de savoir si le fossile, qui a dû être beaucoup plus long, se prolongeait en ligne droite d'une couche à l'autre.

« Le n° 2 a trois pouces de diamètre et un pied de longueur, il est un peu aplati, comme le sont d'ordinaire les arbres qui se trouvent dans les lignites (près de Chambéry).

« Le n° 3 a quatre pouces de diamètre ; mais, comme le prolongement de sa longueur se perd dans l'intérieur du strate calcaire, elle ne peut être déterminée.

« Il en est de même du n° 4.

« Le n° 5 a six pouces de diamètre, et semble ne pas appartenir au genre prêle, car on ne distingue pas les stries de l'écorce comme dans les précédents. »

« D'après le dessin contenu dans la planche précitée, ce dernier fossile a une surface, sinon striée, du moins cannelée, près des articulations. Il est plus long que tous les autres et a une forme conoïde irrégulière, dont le diamètre à la partie inférieure est plus que double de celui de la partie supérieure. Il laisse voir quatre articulations très-marquées, séparées par des intervalles dont la longueur va en croissant à mesure qu'on s'élève. Le tronçon inférieur, qui est le plus gros et le plus court, est figuré comme présentant à sa base, d'une manière très-distincte, la naissance des racines. Rien ne conduisant à supposer que le dessinateur ait fait une figure de fantaisie, il est évident que ce fossile est placé sur sa base et que la surface supérieure de la couche sur laquelle il s'appuie, et sur laquelle ses racines paraissent s'étendre, est bien la surface supérieure originaire de cette couche. Il est donc inadmissible de supposer que le groupe de couches dont elle fait partie soit dans une position renversée.

« Sans faire allusion à cet ordre de considérations, M. Rendu cherche à déduire des faits qu'il décrit si nettement une objection contre la théorie des soulèvements; mais cette objection ne me paraît pas avoir beaucoup de force, car elle s'appliquerait à toutes les couches très-nombreuses aujourd'hui, dans lesquelles on a signalé ces troncs de végétaux conservés dans la position où ils ont vécu, qui ont fait admettre la supposition que lors du dépôt de ces couches l'écorce terrestre fléchissait sous le poids qui venait la surcharger de manière à ce que la surface du dépôt restât toujours à peu près à fleur d'eau. »

NOUVELLES OBSERVATIONS GÉOLOGIQUES

SUR LES

ROCHES ANTHRACTIFÈRES DES ALPES

Du commandeur Angelo Sismonda, professeur de minéralogie de l'*Université royale* de Turin, — Lu dans la séance du 5 décembre 1866.

Dans nos travaux géologiques, nous avons déjà indiqué comme sédiments métamorphiques, la plupart des roches stratifiées cristallines, gneis, micaschistes, talcoschistes, etc. (1), du versant des Alpes, en Pié-

---

(1) La carte géologiqne des anciennes provinces que nous avons publiée est exécutée d'après ce principe. L'idée de l'existence de micaschistes, de gneiss, etc, secondaires, est clairement exprimée par *de Saussure* dans son ouvrage classique *: Voyage dans les Alpes.* Au paragraphe 846 on lit : «Si l'on suit l'arête du Col (de la Seigne) « en marchant au nord-ouest du côté de la chaîne primitive on « rencontre des bancs de roches quartzeuses et micacées mêlés de « bancs de quartz pur. Tous ces bancs sont inclinés de 40 à 45 de-

mont, et cela par la raison que çà et là on y trouve intercalées des roches ayant évidemment la constitution de roches formées de détritus, et que, de plus, en plusieurs endroits, les deux sortes de roches alternent ensemble. Ceci est un des faits qui nous conduisent à les assimiler dans l'état géologique aux roches du versant opposé, où l'on observe aussi les mêmes roches cristallines associées à des roches de détritus. Nous avons été amené à cette opinion quoique les roches dans les deux contrées ne fussent pas de composition identique, et que celles de Savoie, en outre, renfermassent des fossiles organiques, tandis qu'on n'en a trouvé aucun dans les Alpes piémontaises, parce que cette dernière différence, à notre avis, dépend du différent degré de métamorphose auquel sont arrivées les mêmes roches.

« grés en s'élevant au nord-ouest contre les primitives, et ces mêmes « bancs se prolongent du côté du Chapin. Plus loin, dans la même « direction, au-delà de ces roches quartzeuses, on retrouve des ar- « doises situées de même, à cela près qu'elles sont plus inclinées; « ensuite les mêmes roches quarzeuses reviennent, et sont encore « suivies par des ardoises ; alternatives bien remarquables, comme « je l'ai déjà dit, et qui prouvent qu'il ne faut pas tant se presser « de classer au nombre des rocs primitifs ceux qui sont composés « de quartz et de mica, ou plutot que la nature n'a point cessé tout « à coup de produire des montagnes primitives, mais qu'après avoir « commencé à en produire du genre de celles que nous nommons « secondaires, elle est revenue pendant quelque temps et par alter- « natives à en produire de celles que nous appelons primitives « changements bien faciles à expliquer par les changements des « courants qui charriaient les éléments de ces différents genres « de pierres. »

Les fossiles trouvés en Savoie consistent en empreintes de végétaux de l'époque carbonifère et en débris d'animaux propres au lias. M. Élie de Beaumont a été le premier à remarquer la connexion intime des roches renfermant les deux sortes de fossiles organiques. Pour déterminer leur âge géologique, il a cru devoir donner la préférence aux débris d'animaux (1), ce qui a donné naissance plus tard à des discussions animées qui n'ont pas été infructueuses, puisqu'elles ont contribué à faire mieux connaître la constitution des montagnes de la Haute-Savoie. Ayant eu le bonheur d'accompagner M. de Beaumont dans ses excursions alpines, nous avons pu nous convaincre par nos propres yeux qu'il n'y a pas de raisons suffisantes de diviser, comme le font quelques géologues distingués, ces roches fossilifères en différentes formations géologiques. Néanmoins, les contestations qui s'étaient élevées nous ayant déterminé à visiter de nouveau plusieurs de ces localités, nous dirons qu'il ne nous est pas arrivé d'y rien observer qui pût nous conseiller l'abandon de l'oqinion émise par M. de Beaumont sur l'âge de ces roches, opinion que nous avions déjà autrefois commentée

(1) Le chevalier *Montagna*, major au corps d'artillerie, dans son ouvrage : *Generazione della terra*, et dans son opuscule : *Essai delle rocce azoiche*, dans le cas de co-existence dans les mêmes couches de dépouilles d'animaux et de vestiges de plantes d'une époque géologique différente, accorde une plus grande importance à ces dernières; et par conséquent les préfère pour la classification des roches dans la série des terrains.

et soutenue (1). Il semblerait peut-être peu opportun de revenir sur un pareil sujet, d'autant plus que le nombre des adversaires de l'opinion de M. de Beaumont va diminuant de plus en plus ; et si nous nous proposons d'en parler ce n'est que pour exposer les faits observés dans nos excursions de ces dernières années dans la Tarantaise et la Maurienne ; plus particulièrement dans celle que nous y avons faite sur la fin de l'été 1865, en compagnie des géologues distingués, MM. Lory, professeur de géologie à la faculté de Grenoble, l'abbé Vallet, professeur au grand séminaire de Chambéry et M. l'avocat Pillet, associé et bibliothécaire archiviste de l'Académie impériale de Savoie. Nous ne dirons pas des choses nouvelles parce qu'il n'est pas facile d'en trouver sur une question qui a occupé l'esprit et exercé l'activité des géologues les plus distingués de notre époque ; mais si ce que nous raconterons n'a pas le mérite de la nouveauté, nous aimons à croire qu'il servira au moins à démontrer beaucoup mieux, comment toutes les roches fossilifères font partie intégrante d'une seule et même formation géologique. M. de Beaumont les divise en trois groupes (2), lesquels en rai-

---

(1) Voyez *Memorie della Reale Academia delle Scienze di Torino*, série 2e, tomes XII et suivants ; et *Comptes rendus de l'Académie des Sciences de Paris*, tomes XLV et XLIX.

(2) Dans le cours du présent écrit, nous appelons *groupes* l'ensemble des roches désignées sous le nom d'*étages* par M. Élie de Beaumont, dans sa Note sur un *gisement des végétatious fossiles* (*Annales des sciences naturelles*,) tome XV et *assises* par M. Brochant.

son des fossiles animaux il attribue collectivement au terrain liassique. Pourtant un semblable terrain aurait dans les Alpes une épaisseur dont nous ne connaîssons pas d'autre exemple ailleurs; puisque suivant ce qu'assure M. de Beaumont lui-même, le groupe moyen (formé de notre calcaire de Villette-ne compte pas moins de 2000 mètres (1) d'épaisseur. Nous avons depuis reconnu sur plusieurs points une légère discordance de stratification entre un troupe et l'autre (2); et, en outre du mode selon lequel se fait la répartition des fossiles, on comprend que les trois groupes de roches ne se soient pas formés dans des conditions identiques. De fait, le groupe inférieur contient quelques unes des nombreuses espèces d'animaux existant dans le groupe moyen, tandis que, dans le groupe moyen, manquent en réalité les empreintes des végétaux très-rabondants dans le groupe inférieur, et que l'on retrouve en assez grande abondance dans le groupe supérieur, dans lequel, par contre, on n'a pas encore rencontré de vestiges d'animaux. Les trois groupes n'étant pas identiques mais ayant seulement l'uns avec l'autre beaucoup d'affinité, nous considérons avec M. de Beaumont le groupe inférieur comme liassique, mais nous disons que les deux autres, c'est-

---

(1) Voyez *Annales des sciences naturelles*, t. XV, p. 376.

(2) La discordance des stratifications signalée ici, a été ensuite constatée pas M. Scipion Gras : (Voyez *Bulletin de la Société géologique de France*, 2e série, t. I.

à-dire le groupe moyen et le groupe supérieur, représentent : le premier l'oolite, le second l'argile oxfordienne. Nous ajouterons enfin que nous avons observé dans plusieurs sites, particulièrement au mont Tabor et sur son contour, un calcaire cristallin, noir, veiné de jaune, en discordance avec les roches du groupe supérieur. Il ne nous a présenté, avec les calcaires des Alpes postérieurs aux Jurassiens, aucune analogie qui nous permette d'y voir l'équivalent des derniers dépôts d'une pareille époque, c'est-à-dire du calcaire Kéméridien.

Sur ce point cependant nous avons et nous conservons jusqu'ici nos premiers doutes (1).

La division en trois groupes de cette masse énorme de roches est chose qui se révèle facilement d'elle-même, et tous ceux qui s'occuperont de la géologie de cette partie des Alpes, le reconnaitront unanimement. Quelle que soit l'idée qu'ils se forment de ces terrains et de leur âge géologique, ils seront tous du même avis sur le nombre des trois groupes et sur leurs délimitations. M. Scipion Gras, ingénieur des mines en France, auteur de quelques travaux intéressants sur les Alpes, donne à ces groupes des noms qui diffèrent de ceux dont nous nous servons ; mais, en substance, ses divisions, comme il le déclare lui-même, sont parfaitement d accord avec les nôtres (2). En 1854, M. de Beaumont présenta à l'Aca-

---

(1) Voyez : *Mémoires de l'Académie royale de Turin*, 2e série, t. XII.

(2) Voyez : *Bulletin de la Société géologique de France*, 2e série, t. I, p. 707 ; et *Annales des Mines*, 5e série, t. XIV, p. 113.

démie des sciences de Paris le résumé d'un travail de M. Rozet, dans lequel l'auteur sépare du lias la masse calcaire, et en fait un groupe qu'il appelle calcaire jurassique moyen (1). Ce calcaire, autant qu'on peut le conclure du résumé, est le calcaire de Villette,que, dans le système suivi par nous, nous supposons être le représentant du *terrain oolitique.*

MM. Favre et Lory, qui se sont occupés, eux aussi, de la géologie des montagnes de la Haute-Savoie. s'accordent à diviser les roches stratifiées en trois groupes, auxquels ils donnent les mêmes limites assignées déjà par tous ceux qui les ont précédés dans cette étude ; si ce n'est toutefois qu'ils croient deux des trois groupes, le moyen et le supérieur, plus anciens que le trias. Ils veulent que l'un des trois groupes, le moyen, soit contemporain du trias, et que le supérieur soit contemporain du terrain carbonifère. On comprend qu'ils placent dans ce dernier terrain les roches qui contiennent les fossiles; mais on ne voit pas pourquoi ils ont rapporté au terrain triassique le calcaire et le réunissent au gypse, tandis que ni dans l'un ni dans l'autre, ni dans les roches concomitantes, on n'a encore trouvé jusqu'ici de restes organiques de cette époque. Ce fait n'a pas échappé aux regards de ces géologues distingués, comme ne leur a pas échappé, non plus, l'intercalation des schistes avec empreintes de végétaux

(1) *Comptes rendus de l'Académie des Sciences de Paris*, t. XXXIX, p. 473.

carbonifères dans le calcaire à fossiles liassiques (1) ; ni l'alternance entre elles de ces deux sortes de roches, ce qui les fait apparaître comme appartenant à la même période géologique. Mais MM. Favre et Lory, ne pouvant consentir à accepter cette contemporanéité, ont eu l'idée d'admettre et de soutenir par plusieurs arguments que cette prétendue union des roches était simplement apparente, que ce sont des illusions causées par le pli simultané de ce système entier de roches ; et parce qu'il ne reste aucune trace de ce prétendu pli, ils ont supposé que la portion courbe avait été corrodée par l'action très-longue et incessante des agents atmosphériques. Mais, si une semblable action s'était fait sentir, le plissement des roches, comme ils l'entendent, serait mis en évidence par une alternance entre les trois groupes. Or, cette alternance n'existe certainement pas. Les trois groupes de roches courent distincts l'un de l'autre, sur toute la chaîne des Alpes, en conservant partout le même ordre, c'est-à-dire qu'on voit constamment le groupe calcaire avec fossiles liasiques et quelques fossiles oolitiques, intercalé entre les deux autres, dans lesquels on trouve les empreintes de plantes carbonifères. Nous n'entendons pas cependant soutenir qu'on ne rencontre pas çà et là des roches pliées, ondulées, courbées, mais ce sont

(1) Voyez *Notice sur un gisement de végétation fossile et de Belemnites* par M. Élie de Beaumont. *Annales des sciences naturelles*, t. XIV, p. 113.

des accidents tout à fait locaux, et qui ne s'étendent pas d'un groupe à l'autre.

Pour mieux prouver que les roches avec empreintes de végétaux carbonifères, inférieures à la grande masse calcaire, constituent un groupe particulier; que les roches contenant de la même manière des empreintes de végétaux de cette même époque, superposées à la masse calcaire, forment de même un autre groupe, distinct du premier ; il suffit, sans avoir besoin de recourir à d'autres preuves, d'établir quelques comparaisons entre les roches composantes de ces deux groupes. En réalité, du côté de la composition, le groupe inférieur (lias) est formé de schistes argileux noirs (ardoise), et de calcaire cristallin noir, schisteux; tandis que le groupe supérieur (argile oxfordieune) est formé de conglomérés quartzeux, de psammite, de gneiss, de quartzite, de calcaire cristallin et de schiste argileux, avec des bancs épais d'anthracite : du côté des fossiles, ce groupe inférieur contient des empreintes de plantes carbonifères et des restes d'animanx liassiques, tandis que le supérieur contient seulement les empreindes des plantes carbonifères. De plus, le groupe inférieur renferme des espèces de plantes qui manquent dans le groupe supérieur ; le nombre d'ensemble de ces espèces dans le groupe inférieur surpasse de beaucoup celui du groupe supérieur; dans celui-ci, en outre, prédominent les empreintes des troncs et des tiges, dans l'autre, au contraire, surabondent les empreintes des feuilles (1). Enfin, dans le groupe supérieur, l'anthracite forme de gros bancs, tandis que dans le groupe inférieur elle constitue de petites couches qui ne couvriraient pas la dépense de l'exploitation. Donc, puisqu'il existe entre les deux groupes une différence suffisamment grande, et d'importance assez notable, pourquoi supposer que l'on a affaire à un seul groupe replié.

Et l'on ne peut pas dire que l'ordonnance des trois groupes corresponde mieux à l'idée que MM. Favre et Lory se sont formée de leur âge géologique relatif, puisque pour eux comme pour nous, le groupe inferieur est lias, tandis que dans leur opinion le moyen est triassique et le supérieur carbonifère. Cette superposition ne correspondant pas à leur manière de voir, et ne pouvant pas s'expliquer par le simple pli des couches, nous sommes en droit de supposer que dans leur opinion le système entier est renversé. De tout ce que nous avons exposé, il résulte, avec la plus grande évidence possible, que, même en admettant cette espèce de renversement, les groupes ne restent en aucune manière disposés et ordonnés suivant les exigences de l'opinion de ces géologues distingués; attendu que, de quelque manière qu'on tourne et retourne mentalement cette masse de roches, nous aurons toujours dans les

(1) Ces différences des flores dans les deux groupes ont été signalées et appréciées par M. Adolphe Brongniart. Voyez : *Annales des sciences naturelles*, tome XV, la note inscrite à la page 375.

groupes inférieur et supérieur des empreintes de végétaux carbonifères; et qu'au milieu de ceux-ci on rencontrera le groupe calcaire avec dépouilles d'animaux essentiellement liassiques. S'il était réellement survenu un renversement, ce serait chose tout à fait naturelle de croire que quelque portion de cette aire fossilifère très-étendue eût échappé à ce renversement; or, jusqu'ici, et quelques nombreuses qu'aient été les recherches faites dans cette intention, personne n'a encore indiqué un espace, même très-restreint, dans lequel la succession et l'ordre des groupes ne suivent pas le mode exposé par nous, et que nous espérons mieux démontrer encore dans ce qui va suivre.

En conséquence de nouvelles études, M. Lory a abandonné l'opinion que, à Petit-Cœur, dans la Tarantaise, les schistes avec empreintes de plantes carbonifères résidaient dans un pli de calcaire bélemnitique. A ce propos il écrivait : « cette coupe présente deux paquets, dont chacun est formé d'une succession normale d'assises, sans aucune intervention, sans indice de repli ni de renversement. Cette remarque suffit, je crois, pour exclure toutes les explications proposées jusqu'ici, particulièrement par M. Favre, par M. G. de Mortillet et par moi-même (1). » Nous sommes allé plusieurs fois, nous-même, visiter cette localité; nous y sommes re-

(1) Voyez *Bulletin de la Société géologique de France*, 2e série, tome XXII, p. 12.

tourné en août 1865, en compagnie de ce même M. Lory, et quoique cette dernière fois nous eussions pu découvrir un fait indiquant la rupture et l'enchevauchement des roches, par lequel M. Lory entend expliquer aujourd'hui l'interposition du calcaire bélemnitique entre les schistes avec empreintes végétales, nous n'en restâmes pas moins plus persuadé que jamais, que les deux roches fossilifères sont en parfaite concordance de stratification, inclinées vers l'est 20° sud 70°, comme l'a noté M. de Beaumont; que les schistes passent graduellement au calcaire argilo-schisteux, et qu'à la fin ces deux roches alternent ensemble. Le changement d'opinion de M. Lory sur l'origine de ce fait est pour nous l'annonce du triomphe prochain du jugement prononcé par M. de Beaumont sur l'ordre et l'âge géologique du système anthracitifère entier des Alpes.

En même temps que nous repoussons l'opinion des géologues qui veulent que les roches soient repliées, à notre tour nous ajoutons un nouveau pli très-étendu subi simultanément par les trois groupes de roches. Mais le pli signalé par nous est une simple courbure des couches en forme de V renversé, ou comme on a coutume de le dire, en manière de *fond de bateau;* courbe qui ne laisse pas de champ à l'équivoque sur la succession suivant laquelle les roches sont formées. Nous avions signalé ce renversement

---

(2) Voyez *Annales des sciences naturelles*, t. XIII, p. 116.

particulier des couches dans nos mémoires géologiques sur les Alpes, en notant avec soin comment les mêmes espèces de roches s'abaissaient ici vers un point de l'horizon et là vers un point opposé, ce en quoi, nous devons le dire, nous avions été précédés par de Saussure, Brochant, Beaumont etc. Mais nous en avons parlé depuis d'une manière explicite dans une lettre adressée à M. de Beaumont (1), dans laquelle nous faisions observer que le lieu d'où l'on pouvait voir les roches avec leurs inclinaisons opposées, et où passe la ligne synclinale, est près d'Orelle, petit village situé à 7 kilomètres environ à l'est de Saint-Michel, dans la vallée de l'Arc (2). Il est vrai que nous ne devons pas nous attendre à rencontrer sur toute sa longueur la ligne de séparation des inclinaisons opposées comme; l'exigerait la ligne synclinale dont je viensde parler ; on remarque, au contraire, des déviations fréquentes et la chose ne peut pas être autrement dans un pays où les roches plutoniques surgissent comme autant d'ilots de figure ellipsoïdale.

---

(1) Voyez Comptes-rendus de l'Académie des sciences de Paris, tome XLIX, séance du 19 septembre 1859.

(2) Au sud d'Orelle la ligne synclinale rejoint le col du Chardonnet, et continue dans la même direction ; au nord de ce village elle passe entre Bois-de-Posey et Bois-du-Banc. A Bois-de-Posey, les roches s'inclinent vers l'ouest; à Bois-du-Banc, à Lougefory, etc., elles s'inclinent vers l'est : pour ces localités, voyez la Carte de État-major piémontais, au 50 millième, feuille de Moutiers. Pour le col de Chardonnnets voyez la coupe jointe au mémoire de M. Scipion Gras (*Annales des Mines*, deuxième série, tome V, p. 473

La principale masse de roches plutoniques est celle du Mont Blanc, composée de granit et de protogine (1). De ce colosse elle s'étend à travers le milieu de la Savoie, dans la direction NNE-SSO, et pénètre dans le Dauphiné par le côté du levant; au-dessus reposent les roches métamorphiques, la première desquelles, dans l'ordre ascendant, est un grès à grains de grosseur médiocre, composé de feldspath, de quartz et de mica, et qui alterne avec un schiste noir (ardoise altérée). A Petit-Cœur, dans la Tarantaise, cette réunion de roches s'incline vers l'est 20° sud 70°, et se termine par le grès auquel s'ajoute sans changement de pose un calcaire cristallin, noir, schisteux, alternant avec un schiste ardoisier, semblable à celui qui est associé au grès qui le soutient; calcaire et schiste appartenant au groupe anthracifère inférieur, comme l'attestent les nombreuses bélemnites, les nœuds de pentacrinite (Entroques), l'*Ammonites bisulcatus* Brug. (2) nichés dans le calcaire, et les empreintes de plantes carbonifères, spécialement des feuilles, que l'on trouve dans les couches du schiste ardoisier.

---

(1) M. Alphonse Favre croit que la protogine du Mont-Blanc est d'origine Neptunienne, parce que selon lui elle serait stratifiée. Les commissures qui lui ont suggéré cette idée sont à notre avis des plans de clivage, et, partant, on ne peut pas les invoquer comme preuve de l'origine présumée. Voyez Bibliothèque universelle de Genève, et Revue Suisse de novembre 1855.

(2) Cette ammonite a été trouvée par M. de Mortillet, lequel cédant à mes instances l'a cédée au musée de Turin, où elle est conservée.

Dans les montagnes sur la gauche de l'Isère, on rencontre la même alternance de grès et de schiste ardoisier, signalée tout à l'heure à Petit-Cœur, et on l'y rencontre avec la même inclinaison. Nous l'avons vue longer toute la rive gauche du Celliers, torrent qui débouche dans l'Isère près de Briançon (1). Dans quelques-uns des échantillons de grès pris dans ces localités, le feldspath est en si grande abondance, que la roche prend l'aspect du granit. Nous n'avons pas pu distinguer si ce grès fait ou non partie du groupe inférieur (lias) ; nous inclinons cependant à croire qu'il est sur le même horizon géologique occupé par les roches à détritus schisteux d'Ugine de Vallorsine, etc.; lesquels font partie du terrain appelé par nous *infralias*, dans le seul but d'indiquer sa position relativement au lias (2).

---

(1) M. Lachat, ingénieur des mines et géologue distingué, s'est beaucoup occupé de la géologie de la Savoie, sa patrie. En 1859 il m'écrivit une lettre très-intéressante, dans laquelle entre autres choses il m'annonçait que, entre Cadras et Mine-de Cuivre, (Voyez la carte de l'État-major piémontais, feuille de Moutiers et d'Albert-Ville, le long du Celliers, le grès est parcouru par des soudures et des filons de quartz hyalin, dans quelques-uns desquels on trouve le cuivre pyriteux Lorsqu'on voulut le creuser on vit s'ouvrir trois terriers ou cavités superposées l'une à l'autre. L'inférieure, moins longue que les deux autres, contenait une petite couche d'anthracite, ayant pour toit et pour murs le schiste ardoisier identique à celui qui alterne avec le grés. La couche d'anthracite et le grès s'inclinaient d'une manière très-concordante 55° vers l'est 30° sud. Des traces de ce combustible existent aussi parmi les conglomérés infraliassiques de Ugine et de Vallorsine.

(2) Dans les d'Alpes Aquapendente en Piémont, les roches du groupe infraliassique se sont métamorphosées en micaschiste avec quartz granuleux ou en gneiss à éléments fins, souvent avec des nodules et de petits strates de quartz granuleux.

En suivant la ligne qui va du village de Celliers à Saint-Martin-Belville, en passant par Roc-de-Nictard et Villard, ou en parcourant dans cette localité une autre route parallèle à celle-là, on observe sur le grès la série complète des roches des trois groupes anthracitifères et le granit qui leur sert de base. Voici la liste des roches principales vues par nous dans une seconde excursion, entreprise après avoir reçu l'intéressante lettre de M. Lachat, témoin cité dans la note. Nous les réunirons dans l'ordre suivant lequel nous les avons recueillies, en procédant de la base au sommet.

1° Granit et protogine, dans le lit du Celliers.

2° Grès plus ou moins feldspathiques, alternant avec l'ardoise, contenant des traces d'anthracite (*Infralias? Sismonda*).

3° Schiste argileux noir (ardoise), avec impressions de feuilles de plantes carbonifères, intercalé dans le calcaire schisteux noir avec Bélemnites. Les mêmes roches se voient au fond de la vallée de l'Isère entre Aiguebl anche et Moutiers. A proximité de Saint-Martin-Belleville, on trouve des aggrégats de schistes violets avec de grandes taches vertes (groupe anthraciti-fère inférieur *Lias*).

4° Calcaire cristallin et gypse avec fossiles des trois zones liassiques, entremêlés ensemble, et, dans la partie supérieure, avec quelques fossiles du terrain oolitique (groupe anthracitifère moyen, que l'on suppose représenter le calcaire oolitique).

5° Conglomérat quartzeux, grès, psammite, quartzite, calcaire schisteux cristallin, et schiste ardoisier avec empreintes de feuilles, mais plus spécialement de tiges de plantes carbonifères, et couches épaisses d'anthracite (groupe anthracitifère supérieur, que l'on suppose représenter l'argile oxfordienne).

Les quatre groupes de roches stratifiées (1) courent sous une inclinaison sud-est; cependant les axes de soulèvement des groupes singuliers se coupent sous un angle très-petit, comme l'indique la discordance de 10° à 12° dans la direction des roches, particularité mentionnée par M. Scipion Gras (2).

Les roches des cinq divisions susmentionnées son également visibles le long d'une portion du chemin entre Saint-Jean de Maurienne et Saint-Michel, dans la vallée de l'Arc. Le granit et la protogine traversent la vallée au-dessous de Saint-Jean. Au-dessus d'eux et du côté du levant on trouve le même grés gris signalé à Petit-Cœur, et le long du Celliers, dans la Tarantaise. Près la maison des Bains d'Echellion, située à peu de distance de Saint-Jean, sur la droite de l'Arc, le grès est riche en feldspath, et ses élé-

---

(1). Dans cet écrit, nous avons pour but, principalement, de parler des trois groupes de roches qui constituent le terrain anthracitifère alpin. Voyez : Bulletin de la Société géologique de France, 2e série, tome I, page 692-708. En plusieurs lieux, la discordance signalée n'est pas appréciable.

(2). Voyez : Bulletin de la Société géologique de France, 3e série, tome, I, p. 692-700. Sur plusieurs points, la discordance est à peine appréciable.

ments sont plutôt gros que fins ; pour cette raison, si l'on ne se tient pas sur ses gardes, on court le danger de se tromper sur sa nature, et de le confondre avec le gneiss. Nous l'avons essayé à l'acide nitrique, qui produit effervescence ; tous les échantillons, cependant, ne font pas effervescence, et elle n'est pas également vive chez tous ; pour cela, nous ne pensons pas que le calcaire existe dans toutes la variétés de grès, ni qu'il soit uniformément distribué dans celles dans lesquelles il existe. En attendant, sa présence démontre toujours plus l'origine sédimentaire de la roche. Le schiste ardoisier, compagnon de ce grès, existe aussi là, mais en couches minces, et métamorphosé plus profondément qu'ailleurs. A ce grès se superposent les trois groupes du terrain anthracitifère, dont les roches ne diffèrent ni par leur nature, ni par leur ordre de succession, ni par leur mode de gisement de leurs congénères du penchant opposé de la même chaîne, dont en définitive ils font partie (1). Si ce n'est que le calcaire de la vallée de Saint-Michel est replié sur une assez grande longueur; et là on peut vérifier ce que nous avons plusieurs fois affirmé avec une intention particulière, que les plis ne s'étendent pas aux couches du groupe

(1). M. l'abbé Vallet, en compagnie duquel nous avons visité les bains d'Echellion, en 1865, affirme qu'il a trouvé dans une de ses précédentes excursions des ammonites et des bélemnites liassiques dans le calcaire schisteux superposé au grès. En allant de Celliers à Saint-Martin-Belleville, nous avons trouvé de ces mêmes fossiles le long de la route, en un lieu où ils ne pouvaient venir d'ailleurs que des montagnes avoisinantes

les grès noirs en décomposition, desquels surgissait un calcaire cristallin schisteux, noir. Nous trouvâmes dans ces roches quelques ammonites liassiques, et de nombreuses bélemnites si solidement incrustées dans la roche, que nous ne réussîmes pas à les en arracher. Aucune autre roche, en dehors de celles que nous avons nommées, ne fut rencontrée dans l'ascension de la montagne. Mais dans la descente par la vallée de Montgellaz, et particulièrement après avoir parcouru une petite étendue de chemin, on arrive à un point couvert de fragments et de masses anguleuses, tombées indubitablement des pointes appelées Cheval Noir, Roc-Blanc, Mollard des-Bœufs, etc., qui se dressent sur la crête de la chaîne. L'examen de ces ruines nous apprit que sur les schistes liassiques, on trouve là aussi deux autres groupes de roches anthracitifères, ce dont nous avons acquis la certitude par quelques excursions faites successivement dans ces montagnes. Une heure à peu près avant d'arriver à la Chambre, un gros cône d'alluvion cache en partie la protogine recouverte d'espace en espace de gneiss porphyroïde talqueux, sur lequel repose le grès feldspathique (*infralias*), incliné vers l'est 15° nord.

Dans le but de nous mieux assurer encore de la vérité du jugement porté sur la constitution de la chaîne sur laquelle s'élèvent les pointes appelées Cheval-Noir, Roc-Blanc, Mollars-des-Bœufs, etc.; nous nous transportâmes à la Chambre en suivant la route de Montaimond. Dans ce trajet nous revîmes encore les particu-

inférieur, ni à celles du groupe supérieur qui recouvrent le calcaire sur les montagnes qui dominent Saint-Michel (1).

Pour démontrer toujours de plus en plus la constance dans la succession des couches du groupe, dans la superposition, la direction, l'inclinaison de leurs roches, nous nous laisserons aller à rappeler ce que nous vîmes en cheminant à travers ces montagnes dans des directions différentes de celle suivie jusqu'alors, depuis l'excursion de Celliers à Saint-Martin-Belleville, et celle le long de la vallée de l'Arc. Nous retournâmes encore en Tarantaise, pour aller de nouveau en Maurienne, passant cette fois par le col de la Madeleine. Nous atteignîmes donc Doucy (2), et de là, le 3 août 1844, nous passâmes dans le vallon de Celliers, en prenant la route de la Côte-de-Chardoz. Dans ce trajet, nous marchions sur

---

(2). Brochant, dans son mémoire sur les terrains de la Tarantaise, ait mention de roches pliées. La description qu'il en fait exclut toutefois l'idée qu'une semblable anomalie ait pu atténuer leur alternance primitive et leur ordre de superposition. Voici ce qu'on lit à ce sujet dans le *Journal des Mines* : Vol. XXIII, p. 332.... « La stratification est très-régulière, et s'écarte peu de la verticale ; les roches ne sont point contournées en grand comme les calcaires secondaires : certaines roches schisteuses présentent, il est vrai, des contournements, ou plutôt des ondulations dans leurs feuillets, mais ces roches sont rares, et les surfaces de leurs bancs, vues en grand, peuvent être considérées comme planes.

(1). La montagne sur laquelle s'élève le village de Doucy, menace de s'écrouler. Sur l'avis qui nous en fut donné par M. Octave de la Marmora, alors intendant de la province, nous examinâmes s'il serait possible de conjurer ce péril, mais nous ne trouvâmes rien à proposer qui put faire concevoir l'espérance d'un succès.

larités déjà décrites, relativement à la nature, la succession et l'ordre des roches. Sur le grès feldspathique repose le schiste ardoisier en alternance avec le calcaire cristallin, noir, schisteux, avec bélemnites, incliné vers l'est 15°, 20° sud ; sur ce premier calcaire repose le calcaire noir, cristallin à couches épaisses, dont on ne découvre la limite ni du côté du nord, ni du côté du sud (1), sur ce second calcaire, enfin, s'étendent les roches du groupe anthracitifère supérieur : poudingue, grès, psammite, quartzite, calcaire, ardoise, etc. (2). En descendant par le vallon de Montgellaz, on voit à fleur de terre du gypse enfermé dans le schiste rouge à taches vertes, roches très-abondantes, toutes deux dans le groupe moyen, mais que là nous croyons faire partie du lias.

De Mollard-des-Bœufs en venant à Plancy, village situé dans la vallée de Mont-Gel-Jaffrey (pour toutes ces localités, voyez la carte de l'État-major piémontais au 50 millième, feuilles des Montmeillant, Albertville, Moutiers et Modane), on marche encore sur les terrains ci-dessus désignés; mais comme nous aurions pu le prévoir tout naturellement, nous trouvâmes qu'ils se présentent dans l'ordre inverse de celui dans lequel nous les observions à la montée; ainsi au groupe an-

(1). M. Lechat, dans la lettre citée, disait avoir observé à Roc de-la-Platrière, de gros rognons de calcaire compact nichés dans le calcaire cristallin.

(2). Une des roches susnommées, le schiste argileux, suivant ce que dit M. l'abbé Vallet, appartient au terrain nummulitique, et serait la continuatiou de celui de Maëstricht.

thracitifère supérieur succède la masse calcaire, et à celle-ci les schistes ardoisiers avec le calcaire schisteux bélemnitique. L'inclinaison des trois groupes de roches est vers l'est 20° sud.

Le grès feldspathique et les schistes ardoisiers avec calcaire s'étendent dans les montagnes à la gauche de l'Arc. C'est entre ces roches que courent les torrents Glandon et Arvan, depuis leur origine jusqu'à leur débouché dans l'Arc. Là où finit le Glandon, ces roches sont cachées par un cône d'alluvion composé essentiellement de caillouxet de masses de granitet de gneiss. Autour du cône, le grès infraliassique et les schistes ardoisiers à calcaire liassique s'inclinent simultanément vers l'est 15 degrés sud. En remontant le vallon jusqu'au col de la Croix-de-Fer, et descendant de là à Saint Jean-de-Maurienne par la vallée d'Arvan, on n'observe rien qui ait l'aspect de nouveauté, puisque l'on marche sans cesse sur des roches schisteuses liassiques, qui renferment de nombreuses bélemnites et quelques ammonites (1); là où elles sont rongées et profondément creusées, on voit au-dessous le grès feldspathique. Là aussi le calcaire liassique se change en gypse, comme cela s'observe sur les montagnes de Saint-Jean - d'Arve. Près de Saint-Sortin affleure un filon ou un dycke de porphyre quartzifère gris-brun cendré, semblable à celui noté par Necker (2) entre le gneiss et le granit de Vallor-

(1). Ce fut dans le voisinage du col de Maroley, que nous trouvâmes des fossiles en plus grande abondance.

(2). Voir: *Bibliothèque universelle de Genève*, tome XXXIII, p. 82 : Lettre de M. le professeur L. A. Necker au professeur G. Maurice.

sine. Signalons dans ces deux vallées plus d'une centaine de directions de couches dont la moyenne est 19 degrés est sud 19 degrés ouest, avec une inclinaison est 19 degrés sud.

En passant de la vallée d'Arvan dans celle de Valmirier, on trouve la confirmation de tout ce que nous avons dit, relativement à l'ordre de ces roches. On aperçoit les schistes et les calcaires liassiques se cachant sous la grande masse calcaire qui constitue le groupe moyen assimilé à l'oolite, masse qui, à son tour, est couverte par les roches du groupe anthracitifère supérieur, que l'on considère comme représentant l'argile oxfordienne ; et ces roches, là comme partout dans les Alpes, forment un conglomérat quartzeux, de grès, psammites, quarzites, calcaire, etc., avec des bancs d'anthracite.

C'est au sein des montagnes de Saint-Michel, dans la vallée de l'Arc, que l'on trouve sous un mode distinct, le contact de la grande masse calcaire avec le group anthracitifère supérieur. Là, en effet, le calcaire se creuse, l'anthracite se creuse aussi, et cet affouillement conduit à la découverte des restes organiques propres aux deux groupes anthracitifère. Dans le calcaire se trouvent les restes d'animaux liassiques avec quelques oolitiques

---

(1). A l'occasion de la réunion de la société géologique de France à Saint-Jean-de-Maurienne, tenue du 1er au 10 septembre 1861, M. l'abbé Vallet appela l'attention de l'illustre congrès sur les calcaires avec *aviculæ contortæ*, découverts par lui dans les montagnes, sur la gauche de l'Arc, entre Saint-Michel et Saint-Julien (Voyez :

dans les roches anthraticifères se trouvent les empreintes de feuilles et de plantes carbonifères. Mais encore là, d'après ce qui a été constaté par les observateurs,

---

Bulletin de la Société géologique de France, 2e série, tome XVIII, p. 725). En août 1865, M. l'abbé Vallet nous fit voir ce calcaire près Saint-Martin-d'Arc, où l'on sait qu'il est superposé au calcaire du Pas-de-Roc, contenant des dépouilles de mollusques liassiques et quelques-uns oolithiques. Ce jour là, ce même professeur et ami si distingué, me fit aussi remarquer le même calcaire dans le voisinage de Saint-Jean-de-Belleville, associé au schiste vert-rose superposé à la brèche calcaire, changée partiellement en gypse. En outre, la même combinaison de roches existe au col des Encombres; où le calcaire fossilifère ne diffère pas minéralogiquement de celui à *Avicula contorta* des lieux sus-mentionnés; cependant, entre l'un et l'autre, il existe une importante différence paléontologique; elle consiste en ce que le calcaire des Encombres renferme des bélemnites et des ammonites en grand nombre, tandis que l'on ne trouve pas un seul de ces mollusques dans le calcaire à *Avicula contorta* de ces montagnes. Nous signalons ce fait pour remplir le devoir d'un narrateur fidèle, et non pas pour soulever des doutes sur l'unité de ormation des deux calcaires. Il ne manquera pas de géologues d'un avis contraire au nôtre, et il y en avait à la réunion scientifique dont nous venons de parler; ceux-là, nécessairement, voyaient dans la découverte de M. Vallet, un fait à l'appui de l'existence dans ces montagnes du terrain triassique annoncé bien longtemps auparavant par M. Favre (Ce n'était pas l'opinion ni de M. le professeur Stoppani, ni de M. l'abbé Vallet). Leur foi n'était pas ébranlée par la présence de ce calcaire sur le calcaire évidemment liassique du Pas-du-Roc; ils en tiraient seulement profit pour appuyer leur autre opinion, je veux dire qu'ils la faisaient valoir avec bonheur, pour soutenir que dans les Alpes, le système entier de roches est renversé. Des recherches faites dans la suite hors des Alpes, soulevèrent de nombreux doutes sur les significations chronologiques de l'*Avicula contorta*; en effet, parmi la multiplicité des fossiles qui lui sont unis, on en connaît qui ne sont pas exclusivement propres à cette zône, qu'il en est qui existent encore dans le trias; qu'il en est enfin qui ne sont pas propres au lias. A cause de cela, on a voulu en faire un dépôt et un terrain particulier qui établirait en

les empreintes des tiges et des troncs prédominent sur celles des feuilles. Pour mieux observer le contact ci-dessus indiqué, il est nécessaire de gravir le col des Encombres; puisque la route que l'on a coutume de prendre passe et repasse tantôt sur le calcaire, tantôt sur telle autre roche du groupe anthracitifère supérieur, conservant l'une et l'autre la direction nord 12 à 20 degrés est, sud 12 à 20 degrés ouest, avec l'inclinaison 12 à 20 degrés sud. Un peu avant d'atteindre le pied de la dernière moitié du col on marche pendant un assez long bout de chemin sur la ligne de contact de la grande pente calcaire avec les roches du groupe anthracitifère supérieur, et l'on a ainsi l'occasion favorable de s'assurer que, à la base de ce groupe gisent les grands bancs de quarzite (1). Là le calcaire est changé en gypse, et, entre celui-ci et le quartzite s'interpose un schiste violacé avec taches vertes, qu'il ne faut pas confondre, quant à l'âge géologique,

---

quelque manière la transition du trias au lias; mais si l'on tient compte des espèces qui composent cette faune particulière, on trouvera que le nombre des espèces liassiques est très-prépondérant. Voilà pourquoi, encouragé par ce fait, nous plaçons le calcaire à *Avicula contorta* des Alpes de la Savoie, dans le groupe moyen; nous sommes aussi amenés à cette conclusion par le fait qu'il repose sur le calcaire du Pont-du-Roc, là où avec les fossiles liassiques, on en trouve quelques-uns oolithiques (Sur le calcaire à *Avicula contorta*. Voyez : Jules Martin, *Zona à Avicula contorta, ou étage rhotien. Paris*, 1865.

(1). Le terrain anthracitifère supérieur contient à sa base de gros bancs de quarzite. Cette roche, pourtant, se montre à fleur de terre sur un plus grand nombre de points de la ligne synclinale, là où les couches sont relevées vers le levant.

avec le schiste semblable des alentours de Moutiers. De ces hauteurs, on suit de l'œil les calcaires et les schistes qui sortent de dessous le quarzite, le long de la pente de la montagne, et qui continuent ensuite à se montrer avec le même mode de gisement, dans la vallée de Valminier ; fait que d'ailleurs nous avons examiné sur place en 1838, alors que nous allâmes, en compagnie de MM. Elie de Beaumont et Fournet, au mont Tabor.

Le schiste ardoisier adossé au quarzite contient, dans le voisinage du col des Encombres, de nombreuses empreintes de plantes anthracitifères. Dans la descente vers Moutiers, la route court assez longtemps sur le quarzite, puis sur le schiste rouge avec taches vertes associé au gypse, et enfin sur le calcaire cristallin à bancs épais. Toutes ces roches constituent la chaîne située au levant du petit torrent qui coule au fond de la vallée ; la crête, toutefois, est formée de têtes de roches propres à la partie supérieure du groupe, dont le quartzite forme la base. A mesure qu'on avance sur cette route, on voit l'épaisseur des bancs de calcaire diminuer et en même temps le calcaire prendre une teinte d'abord brune, puis noire ; et surgir quelquefois, à travers ses couches, le schiste argilo-calcaire noir. A trois kilomètres environ au-dessous du col, ou, plus précisément, à peu près à moitié chemin entre les premières granges et la maison dite de Genouillet, le calcaire dont nous parlons est fossilifère, et il paraît devoir être très-riche en restes d'animaux ; en effet, une masse de plus de 3 000 mètres cubes venue là de quelques cimes, tout près du petit torrent, en contient une couche de près de trois mètres d'épaisseur, où l'on trouve entremêlés les restes d'espèces des trois zones liassiques, et toutes également bien conservées, de sorte que l'on peut dire qu'elles ont vécu contemporainement (1).

---

(1) La vue d'une telle masse produisit sur nous une sensation que nous ne saurions bien définir. Était-ce une surprise ou une admiration joyeuse ? Nous ne ressentîmes pas, certes, le contentement qu'aurait éprouvé M. de Beaumont de voir confirmer solennellement par cette grande abondance de fossiles animaux, ce qu'il annonçait en 1828, dans sa *notice sur un gisement de végétaux fossiles et de bélemnites, situé à Petit-Cœur, près Moutiers en Tarantaise* ; c'est-à-dire que toutes ces roches, malgré qu'elles contiennent des plantes carbonifères, demandent toutefois à être rapportées au lias parce que les fossiles enfermés dans la masse sont de cette période. Ceci arriva le 27 août 1847. Nous partîmes le matin de Saint-Michel, avec l'intention d'arriver avant la nuit à Moutiers. Au col d'Encombres, nous fûmes à l'improviste enveloppés d'une nuée très-dense, qui ne tarda pas à se résoudre en petite pluie. Nous arrivâmes à la grande masse fossilifère, trempés jusqu'aux os ; notre domestique, Joseph Ferrante et le guide Marcellin Fulgence de Saint-Michel, n'étaient guère en meilleur état. Malgré cela, nous restâmes trois heures à chercher des fossiles. Nous étions tellement chargés tous les trois, que nous pûmes à peine nous remettre en route, et nous n'arrivâmes à Moutiers qu'à onze heures du soir, dans un état qu'il est facile d'imaginer. La liste des fossiles recueillis dans cette journée fut publiée dans le *Bulletin de la société géologique de France, deuxième série, tome V*, p. 410. Elle a été reproduite depuis avec des additions dans le même bulletin, deuxième série, tome XII, p. 361 et aussi dans les *Comptes-rendus* de l'Académie des sciences de Paris, séance du 7 décembre 1857. Persuadés que la connaissance des fossiles trouvés en ce lieu est utile au dessein que nous nous proposons dans cet écrit, nous nous déterminons à en réimprimer ici la liste :

Apticus, spec. indet.
Teudopsis Sismondæ Bell.

Celui qui de la masse fossilifère va à Saint-Martin-Belleville, trouve à droite le quarzite et à gauche le calcaire. Le quarzite est encore associé au schiste

---

Belemnites spec. vicinæ, ad B. *Elungatus*. Mich. *intermedius*, Sow.
Ammonites fimbriatus, Sow.
Annulatus, Sows.
Juvensis, ZEIT.
Beckei, Sow.
Margaritaceus, d'ORB.
Cornucopiæ, YOUNG.
Planicosta, Sow.
Thonarsensis, d'ORB.
Raduians, SCHL.
Henleyi Sow.
Specie indeterminatâ.
Chemnitzia undulata, d'ORB. Specie indeterminatâ.
Trochus, duæ spec. indetermin.
Pleurotomaria expansa, d'ORB.
Rotellæformis, DUNK.
Nerei? MUNSTER.
Vicina ad. P. elungata, MUNSTER.
Duæ spec. indetermin.
Pholadomya liassina? Sow.
Vicina ad P. Coepa, MUNSTER.
Corbula duæ spec. indetermin.
Astarte spec. indet.
Lucina spec. indeterm.
Cyprina spec. indeterm.
Cordinia concinna Hybrida AB. AG.
Spec indetermin.
Venus spec. indetermin.
Arca sex. spec. indetermin.
Mythulus, decoratus. GOLD.
Duæ, spec. indeterm.
Lima decorata? Munst.
Inæquicostata, Munster.

rouge, et le calcaire est en partie métamorphosé en gypse. Un peu avant d'arriver à Saint-Martin-Belleville, précisément au point où là vallée se courbe un peu du côté du levant, on entre dans les roches supérieures au quarzite. En continuant à descendre par la vallée on voit bientôt les roches déjà mentionnées, y

---

Punctata, Desh.
Tres spec. indetermin.
Avicula inæquivalvis, Sow.
Inoceramus, vicin. ad I. *permodes*, Gold.
Pecten priscus ? Sch.
Vicinus ad P. *Corneus*, Sow.
Vicinus ad P. *subulatus*, Sow.
Terebratula variabilis? Schl.
Spirifer rostratus, de Buch.
Tumidus, Zect.
En tout 65 espèces, dont on n'a pu reconnaître que 35 ; de ces 35, 5 se rapportent au lias inférieur ; quatre au lias moyen, douze au lias supérieur, quatre au lias sans siége particulier et au terrain oxfordien inférieur.
Fossiles trouvés côte de la Madeleine.
Ammonites bisaliatus, Brug.
Thouarsensis, d'Orb.
Murchisonæ, Sow.
Bucheriæ, Sow.
Belemnites, spec. vicina ad B. *irregularis*. Sch.
Nautilus, spec. vicina ad N. *truncatus*. Sow.
Nautilus, spec. vic. ad. N. *intermedius*. Sow.

Fossiles trouvés à Petit-Cœur.

Ammonites bisulcatus.
Belemnites acutus, Mille.
Encrinites.

comprise la grande masse calcaire, s'asseoir sur le calcaire cristallin noir, schisteux, alternant avec le schiste ardoisier noir; et ce calcaire se montre lui-même çà et là métamorphosé en gypse. Nous n'avons rien de particulier à noter relativement au gisement de ces roches. Elles courent du nord 20° est au sud 20° ouest, inclinées du côté de l'est de 20° sud. Cette constance dans leur gisement et dans l'ordre de leur succession est pourtant une forte objection contre l'opinion qui veut qu'elle soient repliées et renversées sens dessus dessous.

A l'entour de Moutiers les choses se présentent d'une bien autre manière. La ville est située au fond d'un bassin calcaire dont l'axe maximum est dirigé vers le cou s de l'Isère. Au sud de la ville, dans l'espace compris entre l'Isère et le Doron, le calcaire est partiellement converti en gypse, et change de temps en temps de direction. La direction moyenne déduite d'une trentaine d'observations est nord 39° est, sud 39° ouest, avec une inclinaison ici de 35 degrés, là de 62 degrés vers l'est 39° sud. Çà et là, avec le calcaire, on rencontre l'anthracite. Et comme les montagnes sont entièrement composées de calcaire, si mentalement on abaisse et l'on prolonge les terrains assez loin pour les faire se réunir, il semble qu'ils iront envelopper l'anthracite. Ce fait qui serait sans exemple dans la contrée n'existe pas réellement, puisqu'il n'y a rien qui indique que cet élargissement de la vallée ou bassin soit l'œuvre d'agents corrosifs.

Ce qui est vrai, suivant nous, c'est que, dans les soulèvements géologiques avec renversement, il y a un changement de niveau en raison duquel la portion abaissée du sol se présente comme sous jacente à celle qui est restée en haut. Or, si ce bassin avait une autre origine, s'il fallait, par exemple, en attribuer la formation à l'eau, l'anthracite aurait dû être la première renversée, puisqu'elle fait partie du terrain anthracitifère supérieur, comme le démontrent les roches qui lui sont associées. Ainsi, à Salins, à Villarluvin, à Jeissons, à Brids, l'anthracite gît dans des schistes ardoisiers ordinaires, au sein desquels le mica se développe graduellement et les éléments grossissent jusqu'à sa conversion en psammite; mais entre ces roches et le calcaire, que leurs relations géologiques démontrent appartenir au groupe anthracitifère moyen, se tient le quarzite; celui qui est visible entre Villarluvin et Brids contient des lamelles de talc et, dans quelques couches, des grains de quartzite rose; dans d'autres, on trouve des rognons de la même substance, qui changent le quarzite en poudingue. A Hauteville, outre les variétés déjà nommées de quarzite, on en trouve une feldspathique (1).

(1). Dans le quartzite de Villarluvin, courent des veines de fer oligiste. M. l'ingénieur Lachat écrit dans la lettre citée, qu'une couche de ce minerai surgit du milieu des roches anthraticifères supérieures, le long de la ligne qui réunit ensemble Bojacière dans la Tarantaise et Montaimont dans la Maurienne. M. Lachat l'examina à Roche-Lauzon, à Mongirod, à Montaimond, à Robellin, à Sainte-Marguerite, etc.; il la trouva partout inclinée comme les roches anthraticifères, près desquelles elle est située vers l'est, [illegible]

De Hauteville, en allant à Villet par la route de Lougefoy, on passe successivement sur des roches des trois groupes anthracitifères. Le schiste argilo-calcaire du groupe inférieur se voit simplement de distance en distance, sortir de dessous de la grande masse calcaire. Celui que l'on a sondé à Cotron, sur la gauche de l'Isère, appartient à ce groupe. Le calcaire continue à rester découvert jusqu'au pont de Curcaille; là il se cache de nouveau sous les roches du groupe anthracitifère supérieur, et reste ainsi caché jusqu'après la traversée du pays Aime. Sur tout l'espace étendu compris entre le pont de Curcaille et Aime, les roches anthracitifères ne se différentient de celles de Hauteville ni par la composition, ni par l'ordre de succession, ni enfin par le gisement, puisqu'elles continuent à avoir la direction nord 20° est sud 20° ouest, avec l'inclinaison est 20° sud. Il est vrai que, de distance en distance, il survient de légères variations dans la direction et le degré de l'inclinaison; mais on a de nombreuses raisons de croire qu'il s'agit d'accidents locaux produits par des failles partielles, dues peut-être aux pressions résultant de l'hydratation de la karstérite.

Jusqu'ici, nous avons exposé les faits qui se présen-

---

sud; sur quelques points. cependant, cette inclinaison atteint 27 et 44° (moyenne de plusieurs observations). Or, Villarluvin est sur la ligne explorée par M. Lachat, donc, le fer oligiste de ce quarzite doit être regardé comme un affleurement de la couche citée dans la letre de ce géologue distingué. Nous verrons par la suite que cette même couche de minerai de fer reparaît dans la portion du système anthraticifère inclinée vers l'ouest.

ent d'eux-mêmes au regard du géologue, quand il étudie attentivement les terrains placés au couchant de la ligne synclinale indiquée par nous. Si maintenant on se livre aux mêmes études sur les montagnes situées au levant de cette ligne, on ne trouve rien d'essentiel à noter, à l'exception de l'inclinaison des roches, laquelle n'est plus à l'est, mais à l'ouest, et des changements dûs au métamorphisme. (1)

Que les faits soient bien ce que nous annonçons, chacun peut s'en assurer par lui-même, en gravissant la Maurienne, de Oselle au Mont-Cenis, sans qu'il ait beaucoup besoin de s'éloigner de la grande route. Les roches du groupe anthracitifère supérieur, poudingues, quarz, grès, psammites, schiste argilo-calcaire, etc., avec anthracite, s'étendent jusqu'à Modane, où ils finissent par se fondre dans des bancs de quarzite de 500 mètres et plus d'épaisseur (2).

Au-desous gît la grande masse calcaire, en très-grande partie convertie en gypse. La vallée montante de Modane se tourne quelque peu du côté de la direction des roches, qu'elle cotoie longtemps, ayant à droite et à gauche le calcaire métamorphosé en gypse. Entre Bramant et Lanslebourg, on voit souvent le calcaire cou-

(1). Beaucoup de faits signalés dans cette note ont été extraits par nous du journal tenu dans le voyage exécuté en 1838 le long des Alpes, en compagnie de notre illustre ami, M. Elie de Baumont.

(2) Comme nous l'avons trouvé indiqué ailleurs, les quartzites, au levant de la ligne synclinale, se montrent plus souvent sur de plus grands espaces que dans les montagnes situées au couchant de cette même ligne.

vrir diverses sortes de schistes unis au calcaire cristallin schisteux (1). Celui qui est habitué à observer les roches des Alpes, voit clairement que ces schistes et ce calcaire sont les mêmes que ceux de Petit-Cœur, de Saint-Jean de Maurienne, etc., dans un état de métamorphose particulier, ou, comme on a coutume de le dire, très-avancé. Les mêmes roches se retrouvent vers l'origine des vallées de l'Arc, de l'Isère, etc.; toujours inclinées vers l'ouest, tantôt plus, tantôt moins nord; c'est-à-dire inclinées en sens opposé des roches contemporaines qui se trouvent dans les Montagnes au levant de la ligne synclinale. L'ouverture du tunnel en cours d'exécution entre Modane et Bardonnèche vient très-à propos confirmer ce que nous avons dit sur la constitution et la structure de ces montagnes. Du côté de Modane le percement a été entrepris dans un cône d'alluvion composé essentiellement des débris des montagnes circonvoisines, plus ou moins étroitement agglutinés par du suc calcaire. Après l'avoir traversé, on a eu à lutter contre la ténacité du poudingue quartzeux, auquel succèdent ensuite toutes les roches du groupe anthracitifère supérieur superposées au poudingue, y compris l'anthracite. Durant dix-sept mois, on a

(1) On trouve dans le calcaire de Essaillon, des dépouilles de mollusques, parmi lesquels, malgré leur très-mauvais état, on a pu reconnaître les mêmes espèces existantes dans le calcaire de Villette, en Tarentaise (Voyez notre lettre à M. de Beaumont, dans les *Comptes rendus de l'Académie des sciences de Paris*, tome XLIX, p. 173, 1859).

cheminé dans le quartz, etc., et pendant cet espace de temps on a creusé à peine dans la masse 317 mètres de galerie (1). Nous soutenions qu'au quartzite devait succéder le calcaire ou pur ou associé au gypse, et ensuite le schiste ardoisier alternant avec le calcaire schisteux propre du lias ; mais un schiste dans un état de métamorphisme très-avancé (planche II, fig. 1, 2). Ces dernières roches s'étendent jusqu'à Bardonneche, qui finit le tunnel. Sur toute cette longueur (13 kilomètres) les roches indiquées sont inclinées vers l'est un peu nord, inclinaison qu'elles conservent dans l'intérieur de la galerie (2). Dans le voisinage de la chaine principale ce mode de gisement est souvent modifié, et quelquefois aussi changé. Depuis peu les modifications et les changement sont fréquents, et c'est sur la pente orien-

---

(1). Les ingénieurs Sommeiller et Massas qui ont la complaisance de nous tenir informés de tous les changements qui surviennent dans les roches du tunnel, nous ont appris qu'après avoir traversé 90 mètres de quarzite, on rencontra un banc de karsténites presque pures, de cinq mètres d'épaisseur ; à la karsténite, succéda de nouveau le quarzite, contenant de distance en distance des rognons ou des veines de karsténite.

(2). Dans le percement du tunnel, on nota, du côté de Modane, des mutations fréquentes dans les degrés d'inclinaison des roches ; mais cette inclinaison se maintient toujours vers le même point de l'horizon, c'est-à-dire vers l'ouest. On observe aussi, longtemps avant d'atteindre le quarzite, les couches courbées en forme de C, avec la convexité tournée du côté du levant. A l'extérieur, une semblable anomalie ne se montre pas, ce qui explique comment dans l'excavation, le quarzite se rencontre à 90 mètres vers le levant de la place indiquée par nous en 1845 dans le rapport au gouvernement.

tale de la chaîne ; ce qui contribue à maintenir les géologues en désaccord sur la question d'assigner aux roches une place déterminée dans la série des terrains. Dans le voisinage de Suse, dans la vallée de la Dora, la même roche en un lieu s'incline vers un point de l'horizon, et à quelques centaines de mètres de distance elle s'incline vers un autre point. A l'entour du Mont-Blanc, tant dans la partie française que dans la partie italienne, les roches comme le dit Saussure, sont élevées vers ce colosse ; mais leur inclinaison change graduellement de manière à décrire un cercle irrégulier autour la masse granitique (1).

Sur le penchant italien nous noterons encore une ou, pour mieux dire, deux particularités : la première se rapporte à la composition des roches; la seconde regarde l'ordre dans lequel elles se succèdent. L'une et l'autre de ces deux particularités sont, à mon avis, l'œuvre des roches plutoniques. En Savoie, sur l'aire que nous avons à étudier dans le présent écrit, il existe deux sortes de roches plutoniques, le granit et la protogine, lesquelles se trouvent associées et confondues dans une même chaîne, celle qui, du Mont-Blanc nous conduit au Dauphiné ; en Piémont sur un espace d'amplitude à peu près égale, en outre du granit et de la protogine,

---

(1). Dans l'observation de l'inclinaison des roches, il est nécessaire de faire attention de ne pas abandonner une stractification première pour une autre, quand on passe d'une variété à l'autre, d'autant plus qu'il s'agit de roches schisteuses, lesquelles bien souvent possèdent les deux espèces de commissures ou clivages.

nous avons la Siénite, la Diorite, la Serpentine (1), le Porphyre, le Quartz, le Mélaphre, etc., etc.; et puisque diverses de ces roches ont été la cause efficiente de grandes révolutions géologiques, nous ne devons pas trouver étonnant de rencontrer dans le Piémont les roches Neptuniennes dans un état différent de celui dans lequel se trouvent leurs congénères en Savoie, et cela parce que les premières ont été plusieurs fois exposées à l'action des agens métamorphosants. Nous n'avons pas l'intention, il est vrai, de circonscrire l'action de ces agents à l'intérieur d'un périmètre dont le rayon n'aurait qu'un petit nombre de kilomètres, mais nous voulons dire que l'état de la roche nous fait présumer que l'agent métamorphosé a perdu une partie de sa puissance propre en s'éloignant du centre de l'irradiation, ce que démontre M. de Beaumont, avec un très-grand bonheur, en assimilant l'état de certaines roches à un tison allumé par un de ses bouts. On comprend ainsi comment les conglomérats, les psammites, les schistes argileux, le quarzite, en un mot toutes les roches des deux groupe anthracitifères, l'inférieur et le supérieur, dans les Alpes piémontaises sont métamorphosés en gneiss, en micachistes, en schistes micacés, talqueux et amphi-

(1). Il est des géologues qui ont prétendu que la serpentine était une roche Neptunienne métamorphique. Dans nos travaux sur les Alpes, nous avons soutenu l'opinion contraire, et M. Roques pense comme nous ; il a écrit dans le même sens un mémoire particulier sous ce titre : *Ophites des Pyrénées*, imprimé dans les *Mémoires* de la Saciété impériale d'agriculture, d'histoire naturelle et des arts utiles de Lyon ; 1864.

boliques, et l'anthracite en graphite. La seconde particularité est un désordre dans les couches, dû lui-même aux roches plutoniques, lesquelles en faisant éruption ont déplacé quelquefois inégalement les parties divisées (*Failles*), et détruit ainsi la correspondance naturelle entre les roches. Les ruptures de ce genre ne sont pas rares dans les Alpes. Il en est une qui longe la chaîne principale ; elle a été signalée entre plusieurs autres lieux, dans le voisinage de Bardonnèche, où sur le même plan vertical, sont en contact mutuel les roches des groupes anthracitifères supérieurs, et les poudingues avec grès, etc. (métamorphosés en une espèce de gneiss avec de gros nœuds de quartz (1) du groupe supérieur.

---

(1). Dans le cours de cet écrit, nous avons cité seulement le terrain carbonifère, parce qu'ainsi l'exigeait la thèse que nous avons à défendre : mais nous nous faisons un devoir de déclarer, assertion déjà plusieurs fois répétée par nous, que dans les Alpes, la majeure partie des roches cristallines stratifiées, inférieures aux roches anthracitifères, sont regardées par nous comme des sédiments métamorphosés des époques géologiques antérieures à l'époque liassique. Dans le passé, cette classification pouvait être jugée hypothétique et risquée; mais aujourd'hui, on peut la regarder comme un fait démontré, puisqu'on a reconnu dans ces roches des empreintes incontestables de corps organiques. Nous avons trouvé une empreinte d'*Equisetum* dans un échantillon de granit détaché d'une masse de terrain diluvien, au nord de Rezzacco, dans le canton de Briançon, masse que tout nous porte à regarder comme venue de la Valteline (Voyez : *Mémoires de l'Académie royale des sciences de Turin*, 2e série, tome XXIII). M. Crescent Montagna, major au corps royal d'artillerie, a découvert dans les roches cristallines des Alpes, plus anciennes que les anthracitifères, des empreintes de végétaux carbonifères, découverte qu'il a publiée dans un opuscule intitulé : *Sur l'existence de restes organisés dans les roches dites azoïques*, Turin, librairie Loescher.

L'observateur que la nature a doué d'un tempéramment robuste, et qui ne se laisse arrêter ni par la fatigue, ni par les difficultés, peut voir de ses propres yeux un grand nombre de contacts anormaux de roches produits par des déplacements inégaux sur une même verticale, en parcourant la crête de la chaîne principale du Mont-Blanc ou Mont-Viso ; mais quand on en est averti on voit disparaître facilement les méprises qu'un semblable fait mal observé peut engendrer.

CONCLUSIONS.

Les faits ci-dessus décrits conduisent aux conclusions suivantes :

1° Les roches anthracitifères des Alpes constituent trois groupes (1) distincts l'un de l'autre par la nature de leurs roches, par la variation de niveau dans les couches, et par les restes d'êtres organiques qu'elles contiennent.

2° L'ordre dans lequel les roches se succèdent, de bas en haut, est le même que celui dans lequel elles ont été originairement déposées.

3° Le plissage des couches est un pur accident local, et les plis d'un groupe ne s'étendent jamais à un autre confinant avec lui ; ils ne peuvent par conséquent induire en erreur ni sur la succession, ni sur l'alternance des couches.

(1). Dans cette énumération, nous excluons le groupe appelé par nous *infraliassique*.

4° Les trois groupes de roches sont pliés simultanément en forme de V, c'est-à-dire en *manière de fond de bateau*, plissure qui de fait n'en altère pas l'ordre primitif.

5° Les vestiges des plantes carbonifères se sont jusqu'ici trouvés dans deux seulement des groupes, l'inférieur et le supérieur.

6° Dans le groupe moyen, on n'a trouvé uniquement jusqu'ici que des restes d'animaux des trois ordres liassiques, mêlés ensemble, tous également bien conservés, et dans les bancs supérieurs quelques restes de l'époque oolithique.

7° Dans le groupe inférieur les roches avec empreintes végétales sont associés à d'autres contenant des dépouilles de mollusques liassiques, dépouilles qui manquent absolument dans le groupe supérieur (2).

---

(2). La coexistence dans la même roche et dans le même groupe de roches de restes organiques, regardés comme caractéristiques de périodes géologiques plus ou moins distantes entre elles, est un fait, dont d'ici à peu de temps, on découvrira de nouveaux exemples. Dans une lettre à M. de Beaumont (Voyez : *Comptes rendus de l'Académie de médecine de Paris*, séance du 26 octobre 1857), nous signalions dans les roches nummulitiques de Taninge (Savoie) des empreintes de plantes différentes de celles des groupes anthracitifères alpins, et toutes carbonifères, comme l'a décidé M. Adolphe Brongniart, lequel, à la prière de M. de Beaumont, a eu la complaisance d'étudier les échantillons que nous lui avions envoyés. Mais parmi tant de faits de cette nature, que nous pourrions rappeler aujourd'hui, bornons-nous à citer celui qui a été publié par MM. Marcou et Capellini. Ces deux géologues distingués, racontent avoir observé à Nebraska, dans l'Amérique septentrionale, l'*Inoceramus problematicus*, mollusque crétacé, ensemble avec des empreintes de plantes, parmi lesquelles M. Heer de Zurich, a reconnu

8° Dans le groupe inférieur prédominent les empreintes de feuilles, et dans le groupe supérieur celles de tiges; en outre, dans le groupe inférieur on trouve à peine des traces d'anthracite, tandis que ce combustible est très-abondant dans le groupe supérieur.

9° Ce groupe moyen avec fossiles animaux exclusivement liassiques et oolithiques est intercalé entre deux groupes de natures diverses, contenant tous deux des empreintes de végétaux de la période carbonifère; par conséquent, même en admettant que les trois groupes sont renversés, comme le prétendent ceux des géologues qui veulent que notre groupe supérieur soit carbonifère et notre groupe inférieur liassique, on n'arrive en aucune manière par cette supposition à changer l'état de la question; puisque le groupe inférieur, selon eux liassique, contient aussi des empreintes des mêmes espèces de plantes existant dans le groupe supérieur, lequel pour eux est le groupe inférieur, c'est-à-dire carbonifère.

10° Le groupe inférieur et le groupe moyen sont liés ensemble par la communauté des dépouilles d'êtres animaux; et, de la même manière, sont reliés entre eux les groupes inférieur et supérieur, puisque tous

---

sept genres de dicotylédons très-fréquents dans le terrain miocène européen, et reconnnus de fait dans le terrain crétacé de cet hémisphère. Voyez : *Bulletin de la Société géologique de France*, 2e série, tome XXI, page 132, et les Mémoires de MM. le professeur Capellini et Heer, imprimés dans les *Mémoires de la Société helvétique des sciences naturelles*. Zurich, 1855.

deux renferment des restes des mêmes espèces de végétaux de l'époque carbonifère; mais ces relations ne détruisent pas l'indépendance réciproque des trois groupes, mise en évidence par les faits exposés dans les conclusions précédentes : 1°, 6° et 7°.

Par toutes les raisons énoncées, l'opinion de M. de Beaumont, que les trois groupes de roches en question appartiennent à une seule et même formation géologique (la formation jurassique) devient une vérité démontrée et incontestable (1).

P. S. Les présentes observations étaient écrites quand nous avons reçu le *Bulletin de la Société géologique de France*, avril et juin 1866, dans lequel, à la page 480, on trouve une note intitulée : carte géologique de la Maurienne et de la Tarantaise, par MM. les professeurs Lory et Vallet. Nous n'y trouvons rien qui nous oblige à modifier nos conclusions. (*Traduit par M. l'abbé Moigno.*)

FIN

---

(1). La réapparition des plantes carbonifères dans la période liasique, peut s'expliquer par la supposition d'une nouvelle création, et aussi en admettant qu'elles n'avaient pas cessé d'exister, mais que leurs vestiges dans les périodes intermédiaires (entre l'époque carbonifère et l'époque jurassique), ont été détruits par les mêmes agents qui ont métamorphosé en gneiss, en micaschiste, etc., les dépôts formés dans cet espace de temps.

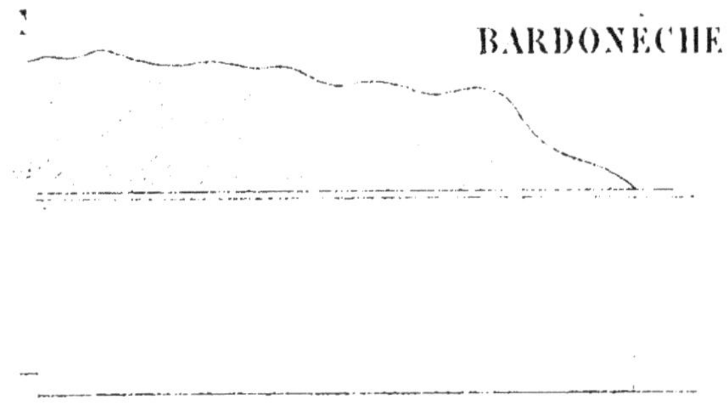

upe Inférieur

BARDONÈCHE

Gra

Imp. Fraillery, Paris

TUNNEL DES ALPES.

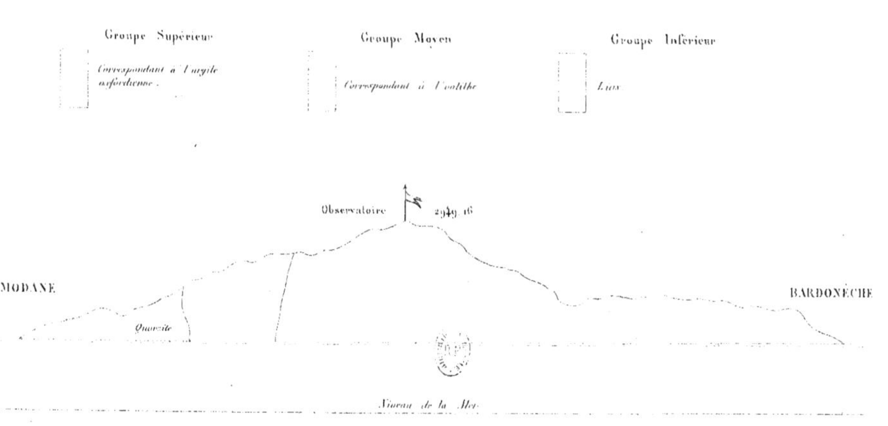

www.ingramcontent.com/pod-product-compliance
Ingram Content Group UK Ltd.
Pitfield, Milton Keynes, MK11 3LW, UK
UKHW020316180726
13839UKWH00001B/479